«Es wäre vermessen, in uns selbst die einzigen Statthalter des Geistes im Kosmos zu erblicken.» Von diesem Kernsatz geht Prof. Haber aus. Aber wenn auch der Reichtum der Natur und die Unermeßlichkeit des Universums diesen Schluß nahelegen, so müssen doch alle darauf basierenden Spekulationen auf ein wissenschaftlich vertretbares Maß reduziert werden. Ufos, fliegende Untertassen und ähnlich phantastische Vorstellungen müssen dabei als Belegmaterial entfallen. Und es bedarf ihrer auch gar nicht. Die Vielfalt der irdischen Lebensformen, die astronomischen Kenntnisse, die Ergebnisse der Raumfahrt eröffnen ein so weites Feld der Möglichkeiten, daß ihre Analyse vollauf genügt, Brüder im All mit Sicherheit anzunehmen. Doch: Wie mögen sie aussehen? Besteht überhaupt die Möglichkeit eines Kontaktes? Was erwartet uns auf den Nachbarplaneten der Erde? Was nach heutigem Wissensstand darüber gesagt werden kann, hat Prof. Haber zusammengetragen. Seine erstaunlichen Schilderungen fesseln bis zur letzten Zeile.

Heinz Haber promovierte 1939 in Berlin als Physiker und habilitierte sich dort 1944 in Astronomie. Im Luftfahrtmedizinischen Forschungsinstitut der amerikanischen Luftwaffe begründete er zusammen mit Professor Strughold 1948 die Weltraummedizin. 1950 wurde er Professor für Astrophysik an der Air University, zwei Jahre später übersiedelte er an die University of California in Los Angeles. Seit 1955 produziert er vor allem wissenschaftliche Fernsehsendungen; Heinz Haber ist Herausgeber der Zeitschrift «Bild der Wissenschaft» und Autor der Bestseller «Unser blauer Planet» (rororo sachbuch Nr. 6609/6610), «Der Stoff der Schöpfung» (rororo sachbuch Nr. 6625), «Der offene Himmel» (rororo sachbuch Nr. 6691), «Unser Mond» und «Unser Wetter».

Heinz Haber

Brüder im All

Von der Möglichkeit
kosmischen Lebens

*Mit 73 Abbildungen,
davon 53 in Farbe*

Rowohlt

Umschlagbild:
Das Umschlagbild ist ein frei erdachtes Motiv, das unser Thema symbolisieren soll: Vor dem Hintergrund einer Milchstraße mit ihren Milliarden von Sonnen und – vermutlich – auch erdähnlichen Planeten schwebt ein Atom des Kohlenstoffs, jenes Elementes, auf dem sich die Lebenssubstanz aufbaut. Die Zeichnung möchte die Idee vermitteln, daß das Leben in seinem materiellen Aufbau ein grundsätzliches Phänomen des Weltalls ist.

Ungekürzte Ausgabe
Veröffentlicht im Rowohlt Taschenbuch Verlag,
Reinbek bei Hamburg, April 1972
© Deutsche Verlags-Anstalt GmbH, Stuttgart, 1970
Gesetzt aus der Linotype-Aldus-Buchschrift
und der Palatino (D. Stempel AG)
Gesamtherstellung Clausen & Bosse, Leck/Schleswig
Druck Nord-Offset, Sonntag & Wachholtz KG, Ellerbek bei Hamburg
Printed in Germany
ISBN 3 499 16720 4

Wiederum: Für Irmgard

Inhalt

Vorwort

Nachdem in der modernen Geschichte der Himmel sich für uns geöffnet hat, kommt jeder beschauliche Mensch auf den Gedanken, es müsse doch auf den unzähligen anderen Welten im Kosmos auch Leben geben, ja vielleicht sogar intelligentes Leben. Wir haben heute wenigstens eine Ahnung von der gewaltigen Größe des Weltraums und von dem unvorstellbaren Reichtum der Schöpfung. Es wäre vermessen, in uns selbst die einzigen Statthalter des Geistes im Kosmos zu erblicken. Der Schluß ist zwingend, daß es Brüder im All gibt. Dennoch vermag ich nicht an die landläufige Deutung der fliegenden Untertassen zu glauben. Meiner Meinung nach wurden wir weder in der Vergangenheit, noch werden wir heute oder auch in der fernsten Zukunft je von fremden intelligenten Wesen besucht werden.

Es ist der Zweck dieses Buches, diese vielleicht widersprüchlich erscheinende Meinung zu begründen. Im Verlauf der Geschichte, die hier erzählt wird, muß ich mich hie und da auf den schwankenden Boden der Spekulation begeben – ich muß Ideen und Vorstellungen entwickeln, deren Stichhaltigkeit ich streng wissenschaftlich nicht beweisen kann. Indessen habe ich mich bemüht, daß alle die Vorgänge, über die ich spekuliere, nicht gegen die Naturgesetze verstoßen, die wir als sicher erkannt haben. Das ist das wenigste, was man von einer wissenschaftlichen Spekulation erwarten darf. Nur so kann ich die Gründe für meine Ansicht geltend machen; freilich bleibt jedem Leser seine eigene Meinung unbelassen.

Aus dem Stoff dieses Buches entstanden wiederum acht Hörfunksendungen für den Sender Freies Berlin und zehn Fernsehsendungen für das Zweite Deutsche Fernsehen (Sonntagnachmittag-Programm, Sendezeit Sommer 1970). Meinem Verleger möchte ich meinen besonderen Dank aussprechen, daß er nun zum fünftenmal ein Manuskript dieser Art in die hervorragend ausgestattete Reihe Bücher der «Öffentlichen Wissenschaft» aufgenommen hat. Sodann ist es das dritte Mal, daß ich ein Buch meiner Frau Irmgard widme, der ich für ihre unermüdliche Hilfe und Zusammenarbeit bei der Sammlung des Stoffs und bei der Abfassung des Manuskripts danke.

Seefeld/Tirol, im März 1970 *Heinz Haber*

H. M. S. «Beagle» – ein zeitgenössisches Bild des Forschungsschiffes, mit dem Charles Robert Darwin als junger Naturforscher zu einer mehrjährigen Weltumsegelung im Dezember 1831 in See stach. Die Beobachtungen, die Darwin auf dieser Reise sammelte, führten zur Formulierung seiner berühmten Abstammungs- und Entwicklungstheorie des Lebens.

Bewußtsein auf anderen Sternen

Kapitel 1

Kenneth Arnold hieß der junge Privatpilot, der den fliegenden Untertassen ihren Namen gegeben hat. Am 24. Juni 1947 flog er in seinem eigenen Flugzeug die Küste des amerikanischen Staates Washington entlang. Dort liegt der gewaltige Mount Rainier, der vierthöchste Berg der kontinentalen Vereinigten Staaten. Der Mount Rainier ist ein einsamer vulkanischer Kegel, ein Viertausender, der die Landschaft beherrscht. Wie allen Piloten damals war ihm bekannt, daß kurz zuvor ein Transportflugzeug der amerikanischen Luftwaffe in jener Gegend verunglückt war; er umflog den einsamen Gipfel, um nach dem Wrack Ausschau zu halten. Bei dieser Gelegenheit beobachtete er neun merkwürdige Flugkörper. In Pfeilformation – ähnlich wie ein Schwarm von Zugvögeln – flogen sie um den Berg mit einer Geschwindigkeit, die er auf über 1500 Stundenkilometer schätzte. Nach seiner Landung wurde er von Reportern befragt, wie diese Flugkörper ausgesehen hätten. Sie waren ihm wie flache Scheiben erschienen, ähnlich – so drückte er sich aus – «wie Untertassen mit der hohlen Seite nach unten gekehrt». Die Phantasie der Weltöffentlichkeit entzündete sich sofort an diesem Bericht. Im Verlaufe der nächsten Jahre wurden in vielen anderen Ländern, über die ganze Erde verstreut, ähnliche scheibenförmige Flugkörper gesichtet. In zahlreichen Schriften wurden sodann Berichte aus längst vergangenen Zeiten zitiert, wonach solche seltsamen Flugkörper bis ins Altertum zurück gesichtet worden seien. Auch war man schnell mit der Deutung dieser merkwürdigen fliegenden Untertassen bei der Hand: Es seien Raumschiffe, bemannt mit intelligenten Wesen von fremden Sternen, welche die Erde erkundeten.

In der ersten Hälfte des 17. Jahrhunderts lebte in Paris der Mathematiker, Physiker und Philosoph Pierre Gassendi. Er steht an der Zeitenwende zwischen dem Mystizismus des Mittelalters und der modernen Naturwissenschaft. Ihm ist es in der Hauptsache zu verdanken, daß die

Eine ganze Armada von fremdartigen Flugkörpern, mit Überschallgeschwindigkeit in Pfeilform fliegend, will der junge Privatpilot Kenneth Arnold im Juni 1947 im amerikanischen Staate Washington während eines Flugs gesichtet haben. Seiner Beschreibung folgend werden diese scheibenförmigen Flugkörper seit damals als «fliegende Untertassen» bezeichnet.

Ideen des alten griechischen Philosophen Demokrit über den atomaren Aufbau der Materie in unserem modernen naturwissenschaftlichen Denken Eingang fanden. Gassendi gehört zu jenen Denkern, ohne die sich unsere moderne Welt der letzten dreihundert Jahre wohl kaum entwickelt hätte. An einer Stelle in seinen Schriften gibt er zu bedenken: «Sollten alle diese Meteore, alle diese Versteinerungen, alle Gewächse und Tiere der Wüste, der ganzen Erdoberfläche und der Meerestiefe nur um des Menschen willen entstanden sein? Laßt uns nicht der gottlosen Vermessenheit schuldig werden zu glauben, Gott könne nicht auf anderen Welten vernünftige Wesen schaffen, die uns gleichen oder uns auch weit überlegen sind. Wesen, die jene Welten kennen, ihren Reichtum bewundern und den Ursprung aller Dinge lobpreisen.»

Im ersten Jahrhundert vor Christus schrieb der römische Dichterphilosoph Titus Lucretius Carus sein klassisches Lehrgedicht «De rerum natura» – «Über die Natur der Dinge». In dieser Schrift steckt eine große Zahl von Erkenntnissen über die Schöpfung, die jeden modernen Naturwissenschaftler in Erstaunen setzen müssen. Einige Verse dieses Gedichts lauten:

...«So mußt du wieder bekennen,
daß noch andere Erden in anderen Welten bestehen,
mit verschiedenen Rassen von Menschen und Sippen der Tiere.»

Im letzten Drittel unseres Jahrhunderts ist es dem Menschen zum erstenmal geglückt, mit Hilfe seiner Technik die Erde zu verlassen und zu fremden Himmelskörpern zu reisen. Noch nie waren uns die anderen Welten in den Tiefen des Alls so greifbar wie heute. Wenn man allerdings glaubt, daß die Idee der Existenz des Lebens auf anderen Planeten unserer modernen Zeit vorbehalten sei, dann muß man sich – wie wir gesehen haben – eines Besseren belehren lassen. Die Vorstellung, daß die anderen Welten im Universum Leben tragen – genauso wie unsere Erde –, ist uralt. Gewiß, für den primitiven Menschen waren die Sterne lediglich Lichter am Himmel. Aber schon in den ältesten Kulturen gab es scharfsinnige Denker, die sich von der Welt, auf der wir leben, lösen konnten; mit seherischer Kraft sahen sie in den Gestirnen fremde Welten, unserer eigenen Erde an Größe und im Range gleich. Nachdem dieser gewaltige Gedankenschritt allerdings vollzogen war, lag die Vorstellung auf der Hand, daß auch diese fremden Welten belebt sein müßten. Vor allem, sie müßten Wohnstätten intelligenter Wesen sein, genauso wie die Menschen die Erde bewohnen. Eine unbelebte, tote Welt ist für den Menschen undenkbar. Schon immer hat er in dieser Idee eine sinnlose Verschwendung der Schöpfung gesehen.

Woher kommt es eigentlich, daß uns die Vorstellung einer unbelebten Welt in den Tiefen des Alls so unerträglich ist? Das liegt wohl daran, daß wir Menschen gesellig sind. In dem Augenblick, da wir begreifen, daß es außer unserer Erde noch andere Welten im Universum gibt, erhoffen wir auf ihnen Brüder im All.

Es sind also vor allem psychologische Gründe, die dazu führen, daß wir uns die fremden Welten belebt vorstellen und uns nach gleichgesinnten Brüdern im All geradezu sehnen. Der Grund dafür ist wohl, daß der Mensch, wie wir schon sagten, ein Gesellschaftswesen ist. Es gibt viele, die Vergleiche mit der Tierwelt ablehnen, da sie ihnen mit der Würde des Menschen unverträglich erscheinen. Indessen hat uns die moderne Wissenschaft der Verhaltensforschung gelehrt, daß wir vom Studium der Tiere sehr viel lernen können, um uns selbst besser zu begreifen. Von dem bekannten englischen Wissenschaftler und Essayisten Aldous Huxley stammt die Feststellung, daß die Menschen in ihrer Verhaltensweise am ehesten mit einem Rudel Wölfe oder mit einer Herde von Elefanten verglichen werden können. Er wollte damit sagen, daß die Menschheit in ihrer sozialen Verhaltensweise nicht etwa einem Termitenstaat gleicht. Auch ist der Mensch kein Einzelgänger wie zum Beispiel ein Bär oder ein Leopard. Vielleicht ist es der größte psychologische Fehler, der in der Doktrin des Kommunismus steckt, daß man eine menschliche Gesellschaft nach dem Vorbild einer Termitenkolonie organisieren will. Umgekehrt hat der Kapitalismus in seiner Hochblüte einzelnen Menschen Rechte zuerkannt, wie sie ein Raubtier in seiner Umwelt erfolgreich beanspruchen kann. Nun wollen wir hier keine ausführlichen soziologischen Betrachtungen anstellen. Einige Überlegungen jedoch können dazu dienen, das Thema, das wir uns gestellt haben, aufzuhellen.

Betrachten wir einmal einen typischen Einzelgänger aus der Tierwelt, einen Eisbären. Ein Eisbär interessiert sich für seinesgleichen nur während der kurzen Wochen der Paarungszeit, und das Weibchen kümmert sich außerdem noch um die Jungen, die es führt. Zeigt man also einem Eisbären, den wir uns jetzt intelligent zu denken haben, eine benachbarte Eisscholle, so ist diese für ihn meist nur dann attraktiv, wenn sie leer ist. Sollte sie schon von einem anderen Eisbären besetzt sein, der ihm das Futter streitig machen könnte, so wäre sie für ihn völlig uninteressant. Sodann wollen wir einen Termitenhügel betrachten, wobei wir auch den Termiten Intelligenz zusprechen wollen. Wenn man einer solchen Termite einen anderen Hügel zeigte, dann wäre dieser für sie vermutlich auch völlig uninteressant. Dem Mitglied eines Termitenstaates ist nämlich ein Leben außerhalb dieses organischen Bereiches unvorstellbar. Als drittes Beispiel wählen wir eine Herde von Elefanten. Würde man diese, ebenfalls intelligent gedachten Elefanten, auf ein jungfräuliches Gebiet mit Savannen und reichen Urwäldern aufmerksam machen, so würden sie vermutlich als erstes die Frage stellen: Gibt es dort auch Elefanten?

Echnaton und Nofretete mit ihren Kindern. Altarrelief um 1355 v. Chr. Wie bei den meisten alten Völkern war auch bei den Ägyptern die Sonne göttlich; ihre Strahlen enden in Händen, welche den Menschen hienieden segnen und ihn mit göttlichen Gaben beschenken.

Kürzlich hat ein amerikanischer Verhaltensforscher mit Rhesus-Äffchen eine hochinteressante Serie von Experimenten durchgeführt. Affen sind ja auch gesellige Wesen. So hat er ein Äffchen in einem allseitig geschlossenen Käfig isoliert; an einer der Wände befand sich eine kleine Klappe, die das Äffchen anheben und durch die Öffnung den Raum eines benachbarten Käfigs einsehen konnte. Das Äffchen hatte im Nu gelernt, diese Klappe zu öffnen, um das Geschehen im benachbarten Käfig zu beobachten. Ein Maß für das Interesse dieses Äffchens an dem Nachbarkäfig war die Häu-

figkeit, mit der das Tier die Klappe abhob und sich mit der Betrachtung dessen abgab, was dort angeboten wurde. So befand sich im Nachbarkäfig erstens eine Schüssel mit Bananen; zweitens war dort eine Spielzeugeisenbahn aufgebaut, die ihre Kreise drehte, und drittens befand sich darin ein zweites Äffchen. Die Ergebnisse dieses sehr hübschen Experimentes waren folgende: Die Bananen waren für das Äffchen sehr attraktiv; als es jedoch feststellte, daß es sie nicht erreichen konnte, erlosch sein Interesse nach kurzer Zeit. Bei der Eisenbahn war es schon anders. Immer wie-

15

der hob das Äffchen die Klappe, um nachzusehen, ob mit der Spielzeug-eisenbahn vielleicht etwas Neues geschähe. Weitaus am häufigsten jedoch hing das Äffchen an der Klappe und beobachtete voller Spannung, was das andere Äffchen wohl tat. Diese aufschlußreichen Versuche bewiesen: das Interessanteste, was es für ein Äffchen gibt, ist ein anderes Äffchen.

Wenn wir nun das Weltall betrachten in der Erkenntnis, daß unsere Erde nicht die einzige Welt im Universum ist – sind wir dann nicht in der Position jener Äffchen oder Elefanten? Die anderen Welten wären für uns nicht halb so interessant, wenn es dort keine Brüder gibt.

Vielleicht war es ganz aufschlußreich, das Experiment mit dem Äffchen an die Spitze einer Betrachtung zu stellen, die sich zum Ziel gesetzt hat, das Leben auf anderen Planeten und die Möglichkeit der Existenz anderer intelligenter Wesen im Weltall zu erörtern. Diese Frage ist für uns schon deshalb so spannend, weil sie einen ganz bedeutenden geistigen Hintergrund hat. Wir sind Lebewesen, und als solche werden wir uns selbst wohl nie begreifen. Nur sind wir uns dessen inne, daß sich das Leben und damit wir selbst von der unbelebten Natur in ganz einschneidender Weise unterscheiden. Aus diesem Grunde allein schon ist die Frage, ob die Erscheinung des Lebens einen universalen Charakter hat – das heißt, dem Universum eigen ist – ein fundamentales Problem der Wissenschaft und der Philosophie.

Das ist es, was der Mensch immer schon empfunden hat. Für die Kulturen der Urzeit war es eine Selbstverständlichkeit, daß die Himmel belebt waren. Allerdings haben sie zunächst nicht danach gefragt, ob es auf den Sternen Leben gäbe. Für den Menschen am Anfang des Bewußtseins seiner selbst waren die Sterne als Ganzes belebt. Es waren Götter, überirdische Wesen. Der Rang göttlicher Geister kam ihnen schon deswegen zu, da sie völlig unangefochten von der Vergänglichkeit des irdischen Lebens durch die Jahrtausende hindurch immer unwandelbar blieben. Erst nachdem die Phantasie des Menschen und die Kraft seines Denkens erfaßten, daß die Gestirne materieller Natur sind, stellte sich die Frage nach dem Belebtsein des Universums neu. Solange man allerdings die wahre Natur der Himmelskörper nur ahnte, dachte man sich die Belebtheit des Himmelskörpers rein geistig. Die fremden Welten waren Wohnstätten der Seelen. In dieser Idee spiegelte sich die uralte Sehnsucht des Menschen nach der Unsterblichkeit. Seit Menschengedenken zogen die Gestirne ihre Kreise, entrückt von den niederen Kräften, die auf der Erde jene Vergänglichkeit bewirken, die jeder von uns an sich selbst erlebt. So wohl entstand die Vorstellung des Himmels. Für uns moderne Menschen hat das Wort Himmel ja zwei Bedeutungen. Wir verstehen darunter das Universum mit seinen Sonnen, Planeten und Milchstraßen, deren Natur wir zu begreifen beginnen. Außerdem aber bedeutet das Wort Himmel auch das Jenseits.

Phantasievolle Darstellung von Bewohnern ferner Erdteile nach einem Holz-schnitt aus dem Jahr 1541. Die Zeichnung erschien in dem sechsbändigen Werk des in Ingelheim geborenen Theologen Sebastian Münster, betitelt «Universelle Weltchronik». Die Darstellung ist typisch für Wesen, mit denen man sich seit alter Zeit ferne Kontinente oder gar Sterne bevölkert dachte.

Heute fällt es jedem denkenden Menschen nicht schwer, diese beiden Bedeutungen des Wortes «Himmel» auseinanderzuhalten. Es war daher bestimmt eine unpassende, ja vielleicht sogar ein wenig geschmacklose Bemerkung jenes russischen Kosmonauten, der nach seiner ersten Erdumkreisung sagte: «Ich war im Himmel. Aber dem lieben Gott bin ich nicht begegnet.»

Zu Beginn dieses Kapitels haben wir drei Bemerkungen über unser Thema zitiert: eine moderne Ansicht, eine Vorstellung aus der Spätrenaissance und ein Bekenntnis aus dem Altertum. In allen steckt ein religiöses Element. Offensichtlich ist es in den beiden Zitaten aus der Vergangenheit; aber auch die Vorstellung, daß die fliegenden Untertassen von intelligenten Wesen fremder Welten bemannt seien, enthält im Grunde Elemente des Glaubens und der Hoffnung. Bei dem Problem des Lebens auf anderen Welten haben wir es mit einem Thema zu tun, das sich nur schwer von der Religion, ja von der Mystik trennen läßt. Es hat einer langen Zeit bedurft, bis man dieses Problem rein wissenschaftlich anpacken konnte. Es lohnt sich, diese historische Entwicklung näher zu verfolgen.

Für die alten Griechen, die als erste erkannt haben, daß einige der Gestirne wohl erdähnliche Welten seien, war es eine Selbstverständlichkeit, daß diese auch Leben trugen. Die Pythagoreer und auch Plato haben sich darüber ausführlich geäußert. So gibt es bereits Geschichten aus dem Altertum, die sich mit Mondbewohnern befassen. Man vermutete Tiere und Pflanzen auf dem Mond, auch menschenähnliche Wesen, die im Detail – zum Teil auch in satirischer Form – beschrieben wurden. Schon im Altertum waren die Menschen auf dem Mond ein beliebtes Thema. Eine der vielen Ersttaten, die man den alten griechischen Denkern zuschreiben muß, war auch die Erfindung der Science-fiction-Literatur. Zu den Denkern des Altertums, die an eine große Zahl von belebten Welten im Universum glaubten, gehörte auch Aristoteles. Er war der große Philosoph des Altertums, dessen Lehren vom Christentum übernommen wurden. Dadurch hat die Vorstellung, daß das Weltall belebt sei, in das Christentum Eingang gefunden, allerdings wieder in einer rein geistigen Form. Origenes, der große Kirchenschriftsteller des frühen Christentums, hat im dritten Jahrhundert diesen Vorstellungen weiten Raum gegeben. Die Erde, so heißt es bei ihm, stehe tief unter Millionen gleichartiger Welten. Die anderen Planeten waren seiner Auffassung nach Stationen, auf denen die Seelen wie auf den Sprossen einer Leiter aufstiegen, um dabei Schritt für Schritt eine Läuterung zu erfahren. Auf der höchsten Stufe schließlich erreichten sie Vollkommenheit.

Es sind dies Ideen, die der indischen Vorstellung von der Seelenwanderung verwandt sind. Erst Thomas von Aquin hat diesen Vorstellungen ein Ende gesetzt. Er hat entschieden, daß es eine Vielzahl belebter Welten, auch im geistigen Sinne, nicht geben könne. Für ihn gab es nur eine einzige Welt: die Erde.

Wenn also heute ein gewisser Widerstreit besteht zwischen unserem Thema und dem christlichen Dogma, so geht es wohl auf Thomas von Aquin zurück. Vor allem erschien ihm mit der möglichen Existenz anderer Menschheiten im Weltall die Erhabenheit des Erlösungsgedankens gefährdet.

Jetzt kommen wir zum Beginn der Neuzeit. Von dem Franzosen Gassendi haben wir schon gesprochen. Die ersten wissenschaftlichen Diskussionen über die Möglichkeit des Lebens auf anderen Planeten stammen von dem holländischen Physiker Christiaan Huygens, über dessen Erkenntnisse wir heute noch in Physikbüchern lesen können. Von ihm stammt unter anderem die Wellentheorie des Lichtes. Seiner Zeit entsprechend hatte Huygens Kenntnis über die wahre Natur der Planeten. Er war wohl der erste, der darauf hingewiesen hat, daß für die Existenz

Zeichnerische Darstellung einer hypothetischen Marslandschaft nach den Vorstellungen, die der amerikanische Astronom Percival Lowell Anfang dieses Jahrhunderts entwickelt hatte. Er sah in den «Marskanälen» künstliche Wasserstraßen, die von intelligenten Bewohnern unseres Nachbarplaneten gebaut worden seien.

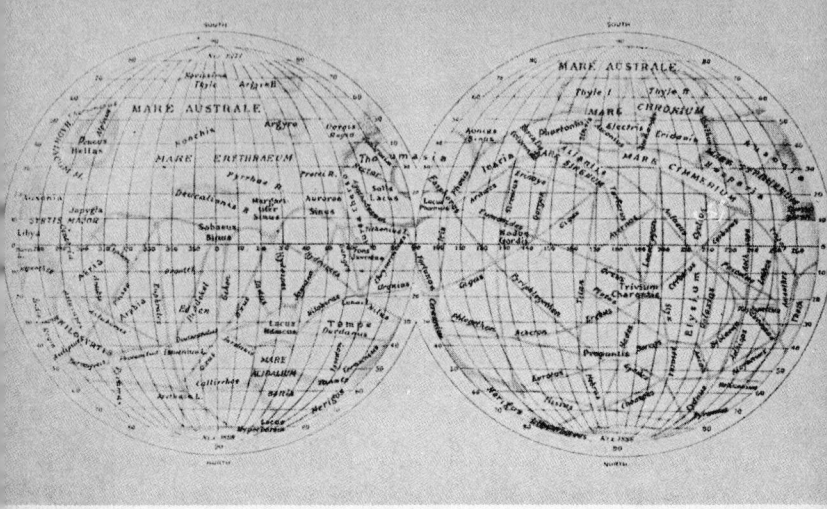

Oben: Zeichnerische Darstellung des Systems der Marskanäle nach dem Entdekker dieser Gebilde, dem italienischen Astronomen Giovanni Schiaparelli.

Rechts: Auf Fotografien, die der amerikanische Instrumententräger Mariner 6 Ende Juli 1969 bei seinem nahen Vorbeiflug an dem Planeten Mars zur Erde zurückfunkte, sieht man von Kanälen keine Spur. Die weiße Polarkappe des Südpols erscheint auf den Totalen; das letzte Bild zeigt einen Marskrater von knapp 40 Kilometer Durchmesser.

des Lebens auf fremden Welten eine ganze Reihe von physikalischen und chemischen Bedingungen erfüllt sein müssen: eine milde Temperatur und das Vorhandensein von Wasser und Atemluft. Wenige wissen, daß auch der Philosoph Immanuel Kant in seiner «Naturgeschichte des Himmels» Vorstellungen dieser Art Raum gegeben hat. In der Zeit danach allerdings haben die Wissenschaftler gelernt, daß Spekulationen dieser Art meist in die Irre führen. Das Experiment in der Naturwissenschaft – das heißt, Naturvorgänge im Laboratorium kontrolliert ablaufen zu lassen und zu beobachten – begann die Forschung zu beherrschen. Im gleichen Maße wurden die Spekulation verpönt und dem Fluge der Phantasie Zügel angelegt. Das war eine sehr notwendige Phase in der Geschichte der Naturwissenschaft, ohne die sie niemals zu der heutigen Blüte herangereift wäre. Im Zuge der Zeit – das heißt seit etwa Anfang des vorigen Jahrhunderts – wurde die Frage nach dem Leben auf anderen Welten von den Fachwissenschaftlern ausgeklammert. Da man diese Frage nicht unmittelbar experimentell erforschen

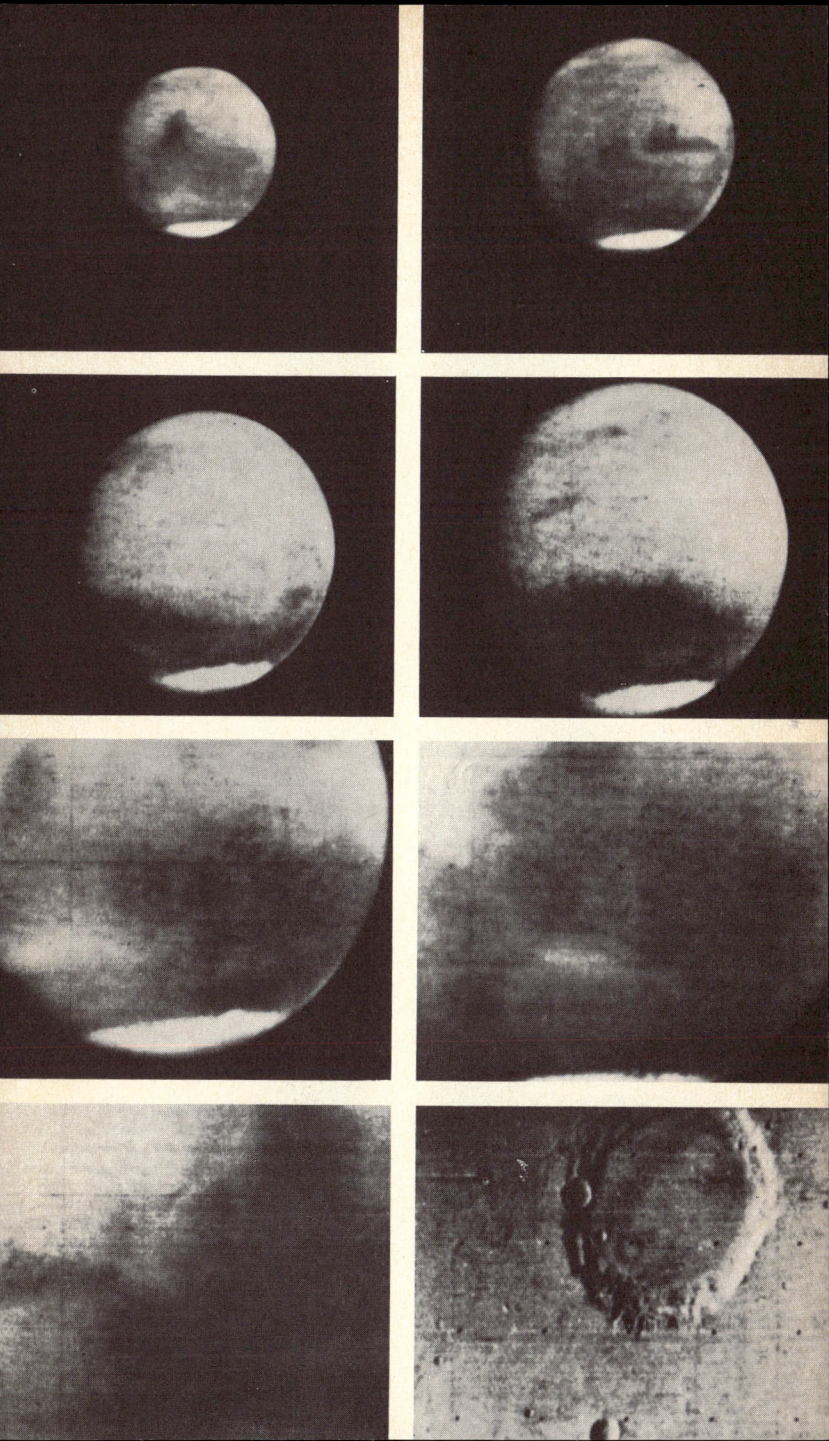

konnte, ist man ihr ausgewichen. Sie konnte mit den damals gültigen Mitteln und Denkweisen nicht angepackt werden und wurde als «unwissenschaftlich» überhaupt abgelehnt.

Auf der anderen Seite war diese Frage einfach zu fundamental, als daß sie den Menschen nicht immer wieder gereizt hätte. Unter einigen anderen hat sich auch der französische Astronom Camille Flammarion Ende des vorigen Jahrhunderts dazu geäußert; von seinen Kollegen wurde ihm dies als ein gerade noch verzeihlicher Fehltritt angekreidet. Der amerikanische Astronom Percival Lowell hat nach jahrzehntelangem Studium des Planeten Mars im Jahre 1907 ein Buch geschrieben mit dem Titel: «Mars – eine Wohnstätte des Lebens». Er hat sich von der Entdeckung des italienischen Astronomen Giovanni Schiaparelli hinreißen lassen, der als erster feine Linien auf der Scheibe des Planeten Mars beobachtete. Diesen Linien gab er den Namen «canali», das heißt Kanäle. Ein Kanal ist ein künstlicher Wasserweg; allerdings wollte Schiaparelli mit dieser Namensgebung keineswegs darauf hinweisen, daß diese von ihm entdeckten Marskanäle etwa künstlich seien. Lowell jedoch war von dieser Idee fasziniert, und er gründete in der Nähe der hoch gelegenen Stadt Flagstaff in Arizona eine Sternwarte, die er der Erforschung der Planeten – vor allem des Mars – widmete. In seinem Buch hat Lowell seine Ansicht geäußert, daß die Marskanäle in der Tat von einer intelligenten Menschheit auf unserem Nachbarplaneten entworfen und gebaut worden seien. Seine Kollegen haben ihm diese Ansicht sehr verübelt, da er seine Behauptungen nicht streng wissenschaftlich beweisen konnte.

Das war zu jener Zeit, in der sich kein ernst zu nehmender Wissenschaftler mit diesem Thema befassen durfte. Andererseits natürlich war es durchaus nicht abgetan. Nur galt jeder, der sich mit ihm befaßte, als Scharlatan. Es ist sehr schade, daß dieses erhabene Thema fast ein Jahrhundert lang Amateuren überlassen blieb. Dadurch ist es in Verruf geraten.

Erst nach dem Zweiten Weltkrieg ist in der Wissenschaft die Spekulation wieder Sitte geworden, jedoch nicht mehr im mystischen Sinne. Heute kann man es sich wieder leisten zu spekulieren; allerdings auf dem Boden der großen Zahl von wissenschaftlichen Erkenntnissen, deren wir sicher sein können. Unser uraltes Thema ist wieder ganz modern; es hat sogar einen wissenschaftlichen Namen: «Astrobiologie» oder «Exobiologie».

Freilich ist es auch heute keineswegs möglich, über das Leben auf

Ausschnitt aus einer Landschaft auf der Rückseite des Mondes, aufgenommen anläßlich des Mondfluges von Apollo 10 am 22. Mai 1969. Der Mond ist eine völlig leblose Wüste, die noch niemals eine Spur von Leben getragen hat.

Der holländische Physiker und Mathematiker Christiaan Huygens (1629–1695) war der erste, der die Frage nach dem Leben auf anderen Welten mit rein wissenschaftlichen Argumenten diskutierte. Er stellte fest, daß zum Gedeihen des Lebens Atemluft, Wasser und vor allem eine milde Temperatur erforderlich sind.

anderen Planeten eine bündige Aussage zu machen. Darüber muß sich jeder klar sein, der sich mit diesem Thema befaßt. Auf der anderen Seite sind wir heute dabei, andere Himmelskörper in direktem Kontakt – bemannt oder unbemannt – zu erforschen. Schon aus diesem Grunde müssen wir uns über das Leben als eine vielleicht kosmische Erscheinung Gedanken machen. Man würde der Phantasie der Wissenschaftler ein schlechtes Zeugnis ausstellen, wenn sie mit diesen Überlegungen nicht auch die Grenze unseres eigenen Sonnensystems sprengen würden. Sie sehen sich dazu gezwungen, da wir heute schon mit ziemlicher Sicherheit sagen können, daß die Nachbarwelten der Erde, die anderen Planeten in unserem System, wohl unbelebt sind.

Heute ist das eine echt wissenschaftliche Frage, die wir diskutieren können ohne Gefahr, daß uns Spekulationen dieser Art von Fachkollegen etwa übelgenommen werden. Wir allerdings müssen einen weiten Bogen schlagen, bei dem wir die Struktur des Weltalls betrachten und die Natur des Lebens erörtern. Früher konnte man dazu nicht all-

Jahrhundertelang hatte man sich die Oberfläche unserer Schwesterwelt Venus als einen tropischen, feuchtwarmen Dschungel vorgestellt, mit dichter Vegetation und mit gewaltigen Sauriern, ähnlich wie die Erde sie einst beherbergte. Heute wissen wir, daß Venus ein überhitzter Wüstenplanet ist mit einer Temperatur von etwa 400 Grad Celsius über Null.

zuviel sagen. Heute wissen wir schon einiges, so daß sich Überlegungen dieser Art lohnen.

Als sich unser Wissen um die Natur vermehrte, hat es sich immer mehr verzweigt. So entstanden stets neue Spezialgebiete. Diese haben sich zum Teil in ihren eigenen Problemen so eingesponnen, daß die Beziehungen zu anderen Bereichen des Wissens immer mehr verkümmerten und schließlich sogar überhaupt nicht mehr bestanden. Nach dem Kriege hat sich dann gezeigt, daß Großprojekte – wie etwa die Nutzung der Atomenergie und die Weltraumwissenschaft – nur angepackt werden können, wenn Wissenschaftler aus vielen Sparten zusammenarbeiten. So haben Astronomen mit Physiologen und Luftfahrtmedizinern zusammen die Weltraummedizin entwickelt; Mathematiker sitzen in Forschungslaboratorien der Biochemiker, um ihnen bei der Entschlüsselung des räumlichen Aufbaus der Riesenmoleküle der lebenden Substanz zu helfen; Techniker in medizinischen Forschungsinstituten haben Herz-Lungen-Maschinen gebaut, und die Elektroniker haben mit dem Bau ihrer Computer die gesamte Methodik der Forschung umgewandelt. Auch unser Thema – die Möglichkeit des Lebens auf anderen Welten – umspannt viele moderne Wissenschaftsgebiete. Wir brauchen das Wissen des Astronomen, der uns die Natur des Weltalls beschreibt; der Biologe und der Biochemiker müssen die Probleme der Lebenssubstanz beleuchten; der Geologe muß uns über die Natur der Planeten berichten, und der Meteorologe und Klimatologe geben uns Auskunft über die Umweltbedingungen, die für das Leben bereitgestellt sind. Auch der Verhaltensforscher und der Psychologe können zu Rate gezogen werden, wenn man etwas über die Intelligenz als psychologisches Phänomen erfahren will. Diese ganze Aufzählung kann uns auch als Programm für dieses Buch dienen. Wissenschaftlich gesehen hat somit unser Thema einen sehr universellen Charakter, und seine Betrachtung stellt daher ein intellektuelles Abenteuer ersten Ranges dar.

In dem Maße, in dem es ihnen gelang, die Geheimnisse der Natur besser zu verstehen, sind die Wissenschaftler auch bescheidener geworden. Schon Gassendi sprach von einer Vermessenheit, wenn er sie auch nur rein religiös verstand. Auch für uns heute wäre es wohl vermessen, in uns als irdischer Menschheit die einzigen Sachwalter des Geistes in dem gesamten riesigen Universum zu sehen. So stellt sich uns heute die Frage nach der Existenz anderer intelligenter Menschheiten im Weltall mit ihrer unverminderten philosophischen Wucht.

Kurz nach dem Kriege hat der geistreiche Kunsthistoriker Gustav F. Hartlaub eine kleine Schrift von knapp siebzig Seiten veröffentlicht, deren Titel wir als Überschrift über dieses Kapitel gesetzt haben: «Bewußtsein auf anderen Sternen».

Er hat darin unser Thema als Geisteswissenschaftler behandelt und hat nicht verhehlt, daß er von seiner Bedeutung beeindruckt war. Wir wollen dieser Frage naturwissenschaftlich nachgehen, so wie wir sie heute sehen. Gerade bei der Frage nach der Möglichkeit des Lebens auf anderen Welten sind sich Naturwissenschaftler und Geisteswissenschaftler völlig einig: sie sind beide fasziniert von der Idee, daß es vielleicht Bewußtsein auf anderen Sternen, daß es Brüder im All gibt.

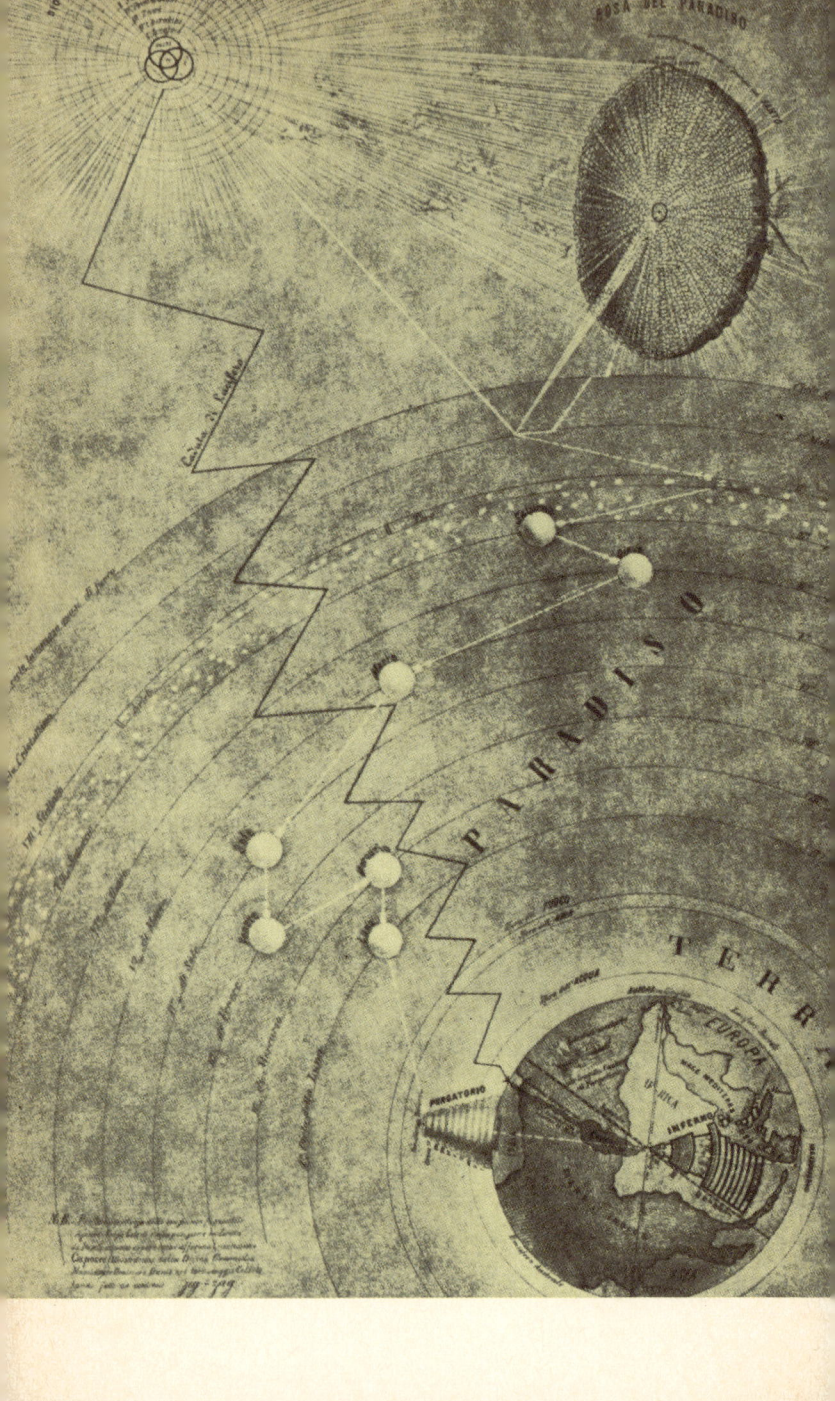

Materie und Leben

Kapitel 2

Es liegt in der Natur des menschlichen Geistes, daß er sich mit steigender Erkenntnis immer mehr bescheidet. Nur der Ignorant, der sich nie die Mühe gemacht hat, die Dinge im Rahmen menschlicher Erkenntniskraft zu durchdenken, ist vorlaut. So verstehen wir, daß ein moderner Naturwissenschaftler der Frage nach der Möglichkeit des Lebens im All mit Toleranz und Erwartung begegnet. Wenn wir die ungeheuren Weiten des Kosmos und seinen unvorstellbaren Reichtum an Sternen und Milchstraßen überschauen, sollte uns im Innersten klarwerden, daß es außer uns wohl auch andere Wesen geben muß, die ihre Blicke fragend zum Himmel ihrer fremden Planeten erheben und sich gleich uns über die Schöpfung wundern. Es ist einfach unvorstellbar, daß die Natur nur diese eine — unsere Menschheit — geschaffen hat, die als einzige im ganzen Kosmos über den Sinn aller Dinge nachdenkt. Wir sind heute im Besitz einer gewissen Einsicht über die Natur des Universums, und wir beginnen auch, unser eigenes Wesen und dessen Grenzen zu begreifen. Gerade angesichts dieser Grenzen wäre es verwegen, die irdische Menschheit als die Krone der Schöpfung ansehen zu wollen. Jeder Astronom, jeder Biologe, jeder Psychologe und jeder Philosoph verbindet heute eine gewisse Genugtuung, ja sogar eine gewisse Erleichterung mit dem Gedanken, daß die Natur in ihrem Reichtum doch wohl noch andere denkende Wesen geschaffen haben werde, die uns geistig und moralisch überlegen sein könnten.

Im vorangegangenen Kapitel haben wir gesehen, daß der Mensch in seiner langen Geistesgeschichte immer schon die Vorstellung gehegt hat, daß die anderen Welten im Kosmos belebt seien. Im Bewußtsein seiner Unvollkommenheit schuf er zu Beginn eine Art von Astralmythologie. Jahrtausendelang hat er in den fremden Welten lediglich Wohnstätten von Seelen gesehen. Sich selbst jedoch betrachtete er immer als das Erhabenste der materiellen Schöpfung.

Wie jede andere fundamentale Idee zeigen auch die Vorstellungen über das Leben im Kosmos einen typischen Entwicklungsgang. Zu Be-

Illustration aus der Dante-Ausgabe von Filippo Vedovati (Padua 1867). Das Bild stellt die drei Reiche Hölle, Fegefeuer und Himmel dar. Der Himmel ist in die einzelnen Planetenbahnen unterteilt, welche als Wohnstätten der Seelen dienen.

ginn sah der Mensch in den Sternen Götter, genauso wie für ihn alle anderen Naturkräfte, wie Wasser, Wind, Wetter und die Erde selbst, göttlich waren. Dann war das Denken fast ein Jahrtausend lang auf das Jenseits gerichtet: In jener Zeit waren die fremden Welten vergeistigt, so wie es uns Dante in seiner «Göttlichen Komödie» im dritten Teil beschrieben hat. Im heutigen Zeitalter der Technik und Naturwissenschaften stellt man sich intelligente Bewohner fremder Welten als Menschheiten vor, die uns technisch und in der Beherrschung der Naturkräfte weit überlegen sind. Der Aberglaube über die Natur der fliegenden Untertassen zeigt das deutlich.

Mit diesem Buch haben wir uns ja die Aufgabe gestellt, die Möglichkeit des Lebens im Kosmos zu untersuchen. Das kann freilich nur im Rahmen der Erkenntnisse geschehen, die wir heute über das Wesen der Schöpfung und ihrer Gesetze haben. Für manchen Leser werden daher die nun folgenden Ausführungen im bösen Sinne materialistisch erscheinen. Das einzige, was man erklärend dagegen einwenden kann, ist die Tatsache, daß den modernen Naturwissenschaftlern die Materie keineswegs mehr so materialistisch erscheint, wie ihr immer nachgesagt wird. Der Begriff «Materialismus» geht auf Demokrit und auf Lukrez zurück, die wir zuvor schon zitiert haben. Seine großen Erfolge erlebte der Materialismus im vorigen Jahrhundert, als die Naturwissenschaftler ihre einmaligen Fortschritte erzielten, indem sie die Welt gewollt materiell betrachteten. Erst in unserem Jahrhundert hat die weitere Erforschung der Natur gezeigt, daß der Stoff der Schöpfung viel geheimnisvoller ist, als es sich die Materialisten des vorigen Jahrhunderts je träumen ließen. So stammt die Philosophie des dialektischen Materialismus aus dem 19. Jahrhundert; sie ist inzwischen altmodisch geworden. Wir wollen nun zwar den Kosmos und die Natur des Lebens auf materieller Basis beschreiben. Dabei wollen wir uns aber stets vor Augen halten, daß die Materie für uns immer noch ein großes Geheimnis ist und ihrer Natur nach metaphysischen Gedanken jeden Geschmacks Raum gibt.

In der Wertschätzung des Menschen hat die Materie immer schon einen recht niedrigen Rang eingenommen. Den Alten erschien sie in vierfacher Form: als Erde, als Wasser, Luft und Feuer. Das niedrigste war die Erde – der feste Stoff. An ihm hat man sich die Fußsohlen schmutzig gemacht. Das Wasser hatte mit seiner Beweglichkeit schon einen höheren Rang; seine Kostbarkeit kann nur derjenige schätzen, der schon einmal dem Verdursten nahe war. Die Luft war noch etwas erhabener, da ihre Flüchtigkeit und ihr kaum fühlbares Gewicht für den Menschen etwas Unerreichbares enthielten. Das geheimnisvolle Feuer schließlich war sogar fast göttlich.

Sodann wußte man immer schon, daß die Körper der Lebewesen einschließlich des Menschen materiell waren. Unsere Knochen, Sehnen und

Muskeln sind feste Substanz. In ähnlicher Rangordnung war den Körperflüssigkeiten eine höhere Bedeutung zugeordnet: dem Blut als dem Saft des Lebens und auch der Gallenflüssigkeit. Das Wort «Humor» zeigt uns das schon; auf lateinisch heißt das einfach «Feuchtigkeit». Auch der Begriff «Melancholie» stammt aus diesem Vorstellungsbereich: es bedeutet «schwarze Galle». Einen noch höheren Rang nahm die Atemluft ein, die sogar mit der Seele des Menschen in Verbindung gebracht wurde. Noch heute sprechen wir davon, daß ein Mensch bei seinem Tode seinen Geist aushaucht.

Trotz allem hat der Mensch immer schon einen ganz deutlichen Unterschied empfunden zwischen dem toten Material – wie Steine, Wasser und Luft – auf der einen Seite und dem Material, aus dem Lebewesen wie der Mensch selbst aufgebaut sind. Da so gar keine Verbindung bestand, die diesen unüberbrückbaren Abstand zwischen der toten und der belebten Materie überspannte, konnte man nur einen Schluß ziehen: Es gibt Materie, die mit einer Art mystischer Kraft begabt ist, die sie befähigt zu leben. In der Bibel schon steht zu lesen, daß Gott den Menschen aus Lehm formte und ihm dann den Geist einhauchte. Aus Staub ward er geschaffen und nach seinem Tode wird er wieder zu Staub.

Es sind also uralte Vorstellungen, durch jahrtausendelange Tradition geadelt, die uns den Unterschied zwischen unbelebter und belebter Materie eingeprägt haben. In uns allen steckt demnach eine tiefe Abwehr gegen jede Vorstellung, daß die Lebenssubstanz in diesem klassischen Sinne materiell und der Erforschung daher zugänglich sei. Die jüngsten Erkenntnisse der Naturwissenschaften haben uns dagegen immer wieder gelehrt, daß diese uralten Überzeugungen in die Irre führen, wenn wir das Wesen des Lebens begreifen wollen. Wir müssen es noch einmal sagen: Die Materie ist nicht so materiell im klassischen Sinne dieses Wortes. Sie ist eine so wundervolle und in ihrem .eigentlichen Wesen auch so unbegreifliche Schöpfung der Natur, daß sie durchaus imstande ist, das Substrat des Lebens zu sein. In diesem Sinne sollen die nun folgenden Erläuterungen verstanden werden, wenn wir jetzt nach dem Wesen der Lebenssubstanz fragen, so wie es uns die moderne Biochemie begreiflich macht.

Die Chemie ist jene Wissenschaft, der die Erforschung des Stoffes in seiner ganzen Mannigfaltigkeit obliegt. Sie ist aus der Alchimie entstanden, jener Geheimwissenschaft des Mittelalters, die sich anheischig machte, aus wertlosem Metall Gold herstellen zu können. Wie in der Geschichte einer jeden Wissenschaft gibt es auch in der Chemie eine Reihe von fundamentalen Erkenntnissen, welche das Wachstum des Wissens ganz entscheidend beeinflußt haben. So steht am Anfang der wissenschaftlichen Chemie der Begriff des Elementes. Darunter versteht man einen Grundstoff, den wir in der Natur vorfinden. Ein Element ist in seinem Wesen unwandelbar, unzerstörbar und vor allem auch nicht

Modellmäßige Darstellung typischer Atom-strukturen. Um den Atomkern in der Mitte kreisen im Falle des Heliums (links) 2 Elektronen, beim Kohlenstoff 6 Elektronen (Mitte) und beim Schwefel 16 Elektronen.

herstellbar. Heute wissen wir, daß es in der Natur insgesamt 92 verschiedene Elemente gibt. Darunter sind Gase – wie Wasserstoff, Sauerstoff und Stickstoff –, Flüssigkeiten – wie Brom und Quecksilber – und feste Stoffe – wie Kohlenstoff, Eisen, Gold und Uran.

Es ist jedoch bekannt, daß die verschiedenen Arten des Stoffes sehr viel zahlreicher sind und sich mit den 92 Elementen keineswegs erschöpfen. Das bringt uns zu der zweiten großen Erkenntnis in der Geschichte der Chemie: zu dem Atombegriff. Jedes chemische Element besteht aus einzelnen winzigen Teilchen, den Atomen, die für jedes Element untereinander völlig gleich sind und sich ähneln wie ein Ei dem anderen. Lediglich von Element zu Element sind sie verschieden, wie etwa das Ei eines Kolibris, eines Huhnes oder eines Straußes. Diese Atome jedoch – und das ist eine ganz wichtige Erkenntnis – sind imstande, sich mit einem oder mehreren Atomen eines anderen Elementes zu verbinden. Dabei entsteht ein kleinster Körper, aus zwei oder mehreren Atomen zusammengefügt, der dann jeweils das kleinste Teilchen einer sogenannten «chemischen Verbindung» ist. Diese kleinsten Teilchen einer chemischen Verbindung nennt man Moleküle. Man braucht nicht viel Phantasie zu haben, um sich vorzustellen, daß mit diesem Trick eine fast unüberschaubare Mannigfaltigkeit der verschiedensten Stoffe aufgebaut werden kann. Wenn sich zum Beispiel Atome des Sauerstoffs mit Atomen des Wasserstoffs verbinden, entsteht Wasser; eine Verbindung von Natrium und Chlor erzeugt Salz; eine Verbindung von Magnesium und Sauerstoff ergibt ein weißes Pulver: Magnesia, das von Turnern benutzt wird, um die Innenfläche ihrer Hände zu trocknen. Kurz gesagt, wenn

Typische Bildung eines Moleküls, dargestellt am Beispiel des Wassers. Zwei Wasserstoffatome vereinigen sich mit einem Sauerstoffatom, dem sie sich unter Bildung eines stumpfen Winkels anlagern. Das Resultat ist ein Molekül, zusammengesetzt aus drei Atomen – H_2O.

man 92 verschiedene Arten von Grundbausteinen zur Verfügung hat und diese in der verschiedensten Weise miteinander kombinieren kann, ergeben sich so viele Möglichkeiten, daß man eben eine schier unerschöpfliche Mannigfaltigkeit der Stoffe in der Natur erwarten muß. Das ist auch das, was wir beobachten: die bunte Fülle im materiellen Aufbau der Natur.

Die dritte wichtige Erkenntnis in der Geschichte der Chemie bezog sich darauf, wie sich die Atome der einzelnen Elemente zusammenfügen. Man darf sich das nicht so vorstellen, als ob die Atome der verschiedenen Elemente etwa wie klebrige Lehmkugeln seien, die man wahllos in beliebiger Anzahl zusammenfügen kann. Es hat sich vielmehr gezeigt, daß das Atom eines jeden Elementes sich mit Atomen fremder Elemente nur in einem ganz bestimmten Zahlenverhältnis verbinden kann. Vielleicht sollten wir schon an dieser Stelle ein simples Beispiel wählen, damit wir uns über diesen wichtigen Begriff Klarheit verschaffen. Jedes Atom ist gewissermaßen mit einem oder mehreren Häkchen versehen, mit denen sich die Atome aneinanderhaken können, um Moleküle zu bilden. Dieses anschauliche Beispiel hat den Vorteil, daß es im eigentlichen Wesen richtig ist. Die moderne physikalische Forschung hat uns nämlich gelehrt, daß die Atome in der Tat so aufgebaut sind, daß sie nur in bestimmten Zahlenverhältnissen aneinanderhaften und feste Verbindungen – eben die Moleküle – bilden können.

Doch zurück zu unserem Vergleich mit den Häkchen. Danach besitzt jedes Atom eines bestimmten Elementes eine bestimmte Zahl solcher Häkchen. Jedes Wasserstoffatom hat ein Häkchen, jedes Sauerstoffatom hat deren zwei, jedes Stickstoffatom drei, jedes Kohlenstoffatom vier

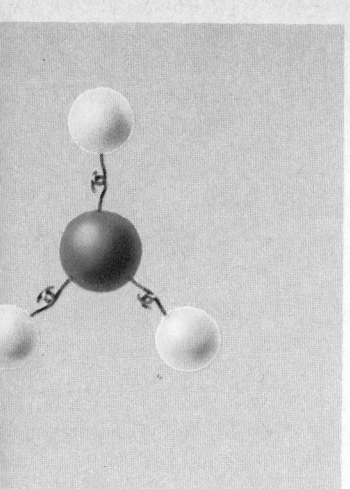

Verschiedene Molekülarten in Häkchendarstellung. Zwischen den Atomen bestehen Anziehungskräfte, die hier durch Häkchen symbolisiert wurden. Dargestellt sind von links nach rechts die Moleküle Wasser (je zwei Wasserstoffe und ein Sauerstoff), Magnesia (je ein Magnesium und ein Sauerstoff), Kochsalz (je ein Chlor und ein Natrium) und Ammoniak (je ein Stickstoff und drei Wasserstoffe).

usw. Die Chemiker haben natürlich dafür einen Fachausdruck: Sie sprechen von der Wertigkeit eines Elementes. Wasserstoff hat also – chemisch gesagt – die Wertigkeit eins, Sauerstoff die Wertigkeit zwei, Stickstoff die Wertigkeit drei und Kohlenstoff die Wertigkeit vier.

Eine stabile Verbindung zwischen zwei Atomen kommt immer dann zustande, wenn die Wertigkeiten der einzelnen Atome gegenseitig voll ausgenutzt sind. Dann entsteht ein beständiges Molekül. Unser Beispiel mit den Häkchen macht das verständlich. Ein Sauerstoffatom besitzt zwei Häkchen, ein Wasserstoffatom je eines. Ein in sich geschlossenes Gebilde kann dann entstehen, wenn man zwei Wasserstoffatome an ein Sauerstoffatom anhakt. Dann haben wir H_2O, das heißt Wasser. Die Chemiker haben nämlich jedes Element durch einen oder auch zwei Buchstaben gekennzeichnet: O für Oxygenium, das heißt Sauerstoff; H für Hydrogenium, das heißt Wasserstoff; Natrium trägt zum Beispiel das Symbol Na und Chlor das Symbol Cl usw. Auf diese Weise entstand die sehr praktische und übersichtliche Stenografie der Chemiker.

Stickstoff (Nitrogenium = N) ist dreiwertig; er besitzt also drei Häkchen. Wenn er sich daher mit Wasserstoff verbindet, dessen Atome je ein Häkchen besitzen, so muß die einfachste vollständige Verbindung von Stickstoff und Wasserstoff entstehen: NH_3. In einem Molekül dieses Stoffes sind auch wieder alle Häkchen eingehakt; wir nennen ihn Ammoniak. Und so geht es weiter. Tausende und aber Tausende der Stoffe, die der Chemiker in den letzten Jahrhunderten entdeckt, erforscht, ja sogar künstlich hergestellt hat, folgen in ihrem stofflichen Aufbau dieser Grundregel (siehe Bild Seite 34/35).

Es ist ein besonderer Zug in der Geschichte der Chemie, daß es ihr

*Typische Kohlenstoffverbindungen, darge-
stellt als Kalottenmodelle und als schematische Strukturzeichnungen. Methan (links
oben); Äthylalkohol (rechts oben); Heptan
(Mitte) und eine Zuckerart, Glukose (unten).*

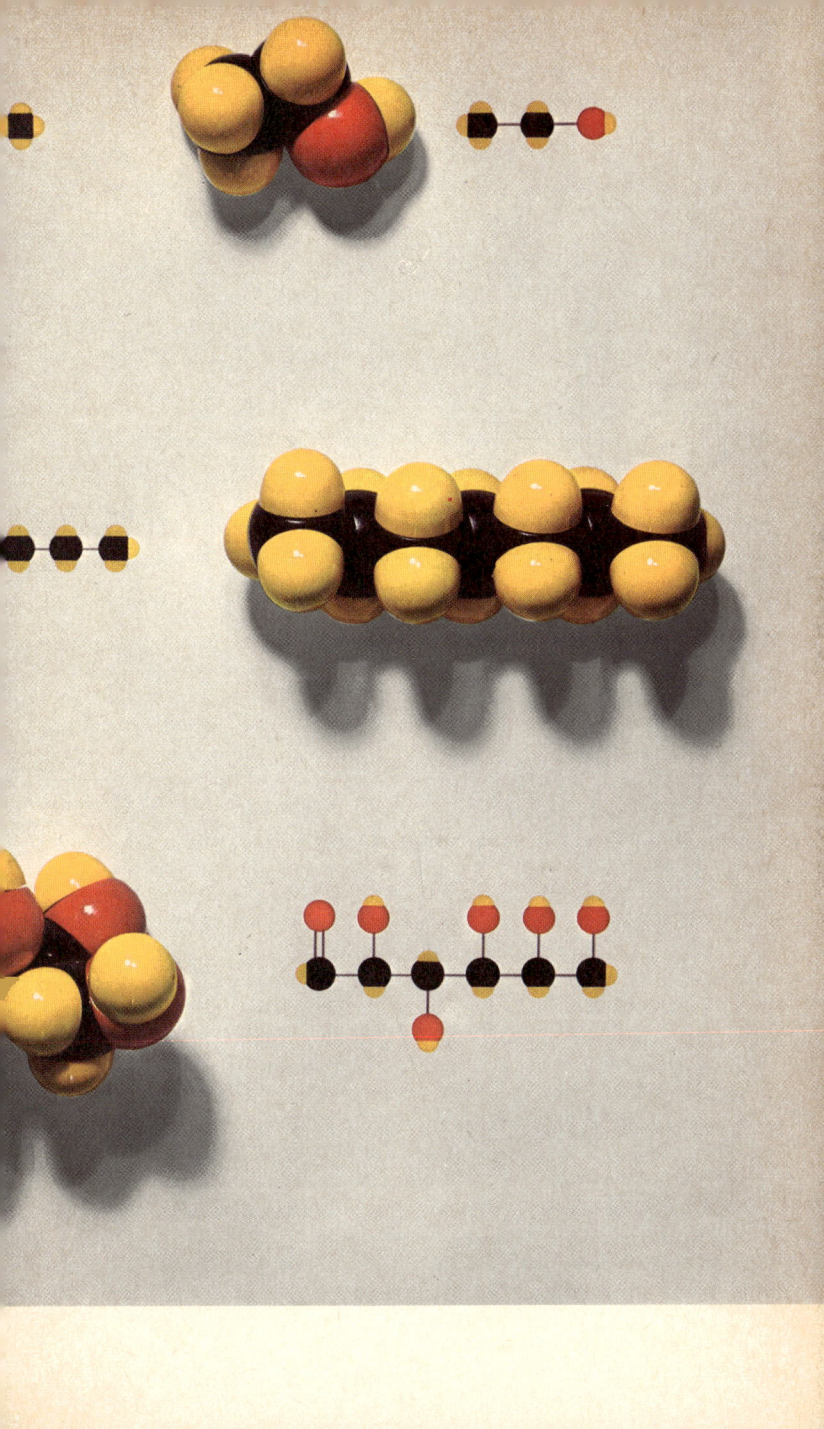

zuerst gelang, den chemischen Aufbau der Stoffe in der unbelebten Natur zu enthüllen. Dabei ist man nach dem Schema der Wertigkeiten vorgegangen. So weiß man schon seit langem, daß Kochsalz aus den beiden einwertigen Atomen des Natriums und des Chlors aufgebaut ist: NaCl. Das Magnesium, jenes weiße Pulver, das wir zuvor erwähnt hatten, besteht aus einer Verbindung der beiden zweiwertigen Elemente Magnesium und Sauerstoff: MgO. Der Giftstoff Zyankali besteht aus einem Atom des einwertigen Kaliums, des vierwertigen Kohlenstoffs und des dreiwertigen Stickstoffs: KCN. An der Verbindung dieser drei Atome kann man sofort erkennen, daß alle Häkchen ihren Partner finden. Da wir ja kein Lehrbuch der Chemie schreiben wollen, sollen diese Beispiele genügen.

Es hat sich nun herausgestellt, daß die Stoffe der unbelebten Natur wie die Gesteine, die Kristalle, das Wasser, die Luft, die Salze und die Auswürfe der Vulkane relativ einfach gebaut sind. Gewiß, auch in ihnen steckt eine gewaltige Mannigfaltigkeit. Alle diese Stoffe ließen sich jedoch auf Verbindungen von wenigen Atomen zurückführen. In den Molekülen dieser Substanzen waren drei, fünf, sechs, vielleicht höchstens zwölf Atome verschiedener Elemente zusammengehakt. Dabei ist es immer so, daß jedes Häkchen seinen Partner findet. Es machte die Chemie so reizvoll, daß man sie verstand.

Freilich haben die Chemiker nicht beim Studium der Stoffe, aus denen sich die unbelebte Natur aufbaut, haltgemacht. Sie wollten auch wissen, woraus solche Stoffe wie Holz, Eiweiß, Zucker und Gummi bestanden. Als sie sich daranwagten, stellten sie fest, daß diese Stoffe allen ersten Versuchen, sie in ihre Bestandteile zu zerlegen, widerstanden. In ihrem chemischen Verhalten zeigten sie einen so deutlichen Unterschied gegenüber den Stoffen der unbelebten Natur, daß es zu einer Zweiteilung in der gesamten Chemie kam. Man sprach einesteils von der anorganischen Chemie; sie betraf alle jene Stoffe, deren Aufbau sich mit den klassischen Mitteln der Chemie verstehen ließ; es waren ausnahmslos Stoffe, aus denen sich die unbelebte Natur aufbaute. Dann gab es die organische Chemie, die alle jene Stoffe erforschte, aus denen die Körper von Lebewesen bestehen. Zu den organischen Stoffen gehören auch die Substanzen, die sich jahrzehntelang – während des vorigen Jahrhunderts, als die anorganische Chemie ihre großen Triumphe feierte – künstlich nicht herstellen ließen. Nur Lebewesen waren imstande, sie zu erzeugen.

Schon frühzeitig hat man erkannt, daß die organischen Stoffe ausnahmslos Atome eines Elementes enthalten, des Kohlenstoffs. Diesem Element begegnen wir in der anorganischen Welt in der Form des Graphits, jener recht gewöhnlichen, weichen Substanz, die wir als Bleistiftminen benutzen. Es gibt aber auch eine andere Form des Kohlenstoffs, die um so wertvoller ist, je reiner sie auftritt: der Diamant. Allein diese Spanne in seinen Erscheinungsformen und auch in seinem Wert zeigt uns, daß der Kohlenstoff eine ganz besondere Substanz ist. Diese Eigenschaft liegt darin begründet, daß der Kohlenstoff das leichteste Atom ist, das die Wertigkeit vier besitzt. Die Bindungen zwischen den Atomen nämlich sind in der Regel um so fester, je leichter – das heißt auch je kleiner und einfacher – die Atome sind. Um bei unserem Beispiel von zuvor zu bleiben, hat also der Kohlenstoff die Eigenschaft, daß er die größte Zahl von besonders stabilen Haken besitzt, nämlich vier. Diese Erkenntnis hat ganz bedeutende Konsequenzen.

Diese einzigartige Eigenschaft des Kohlenstoffatoms führt nämlich dazu, daß seine Atome in Verbindungen mit sich selbst und mit anderen Atomen sehr komplizierte, recht stabile Strukturen bilden können: Moleküle, die aus zehn, aus Hunderten, ja Hunderttausenden von einzelnen Atomen aufgebaut sind.

Betrachten wir einmal die Möglichkeit, mit der Kohlenstoffatome, die ja vier Häkchen besitzen, sich mit Wasserstoffatomen, die je ein Häkchen besitzen, verbinden können. Die einfachste Form einer solchen Verbindung besteht aus einem Kohlenstoffatom und vier Wasserstoffatomen: CH_4 (siehe Bild Seite 36/37). Diese Verbindung nennt der Chemiker Methan. Es ist ein Gas, das auch frei in der Natur vorkommt; man nennt es Sumpfgas. Betrachten wir jetzt einmal zwei solcher Methanmoleküle, von denen wir jeweils ein Wasserstoffatom abhaken. Dann haben wir zwei sogenannte «Radikale», das heißt Restmoleküle, bei denen je ein Häkchen offen ist. Bei jedem der beiden Kohlenstoffatome ist dabei ein Häkchen frei geworden, die wir nun ihrerseits aneinanderhaken können. Dann entsteht ein Molekül, das aus zwei Kohlenstoffatomen und sechs Wasserstoffatomen besteht (siehe Bild Seite 36/37). Auch einen solchen Stoff gibt es; es ist das Gas Äthan. Diesen einfachen Schritt können wir jetzt noch einmal vollziehen. Von einem Äthanmolekül haken wir ein Wasserstoffatom ab und ersetzen es durch ein weiteres Radikal von der Form CH_3. Nun entsteht ein Molekül, das aus drei Kohlenstoffatomen und acht Wasserstoffatomen besteht. Wir erhalten dann das Gas Propan, das zu Heizzwecken benutzt wird. Offenbar gibt es kein Ende in dieser Sequenz. In der Tat gibt es auch ein Molekül C_4H_{10}, das Butan; dann ein Molekül mit einer Kette von fünf Kohlenstoffatomen, das Pentan, mit sechs das Hexan, mit zwölf, mit zwanzig, mit achtzig und noch mehr Kohlenstoffatomen, die alle wie eine Kette aneinanderhängen, wobei ihre freien Häkchen mit Wasserstoffatomen besetzt sind. Das ist die riesige Familie der Kohlenwasserstoffe.

Dabei ist es überhaupt nicht erforderlich, daß die Kohlenstoffatome fein säuberlich wie eine gestreckte Kette aneinanderhängen. Es ist durchaus möglich, daß sich dabei auch Verzweigungen bilden – immer dann, wenn eine Kette von Kohlenstoffatomen seitlich angehängt ist. Wenn man also ein Molekül aus sieben Kohlenstoffatomen und sechzehn Wasserstoffatomen aufbaut, so gibt es neun verschiedene Möglichkeiten, die

Das Kohlenwasserstoff-Molekül Heptan besteht aus 7 Kohlenstoff- und aus 16 Wasserstoffatomen. Wir zeigen 9 verschiedene Möglichkeiten, diese insgesamt 23 Atome zu einem räumlichen Gebilde zusammenzufügen. Bei den höheren Kohlenwasserstoffen geht die Zahl der Möglichkeiten sehr schnell in die Millionen.

41

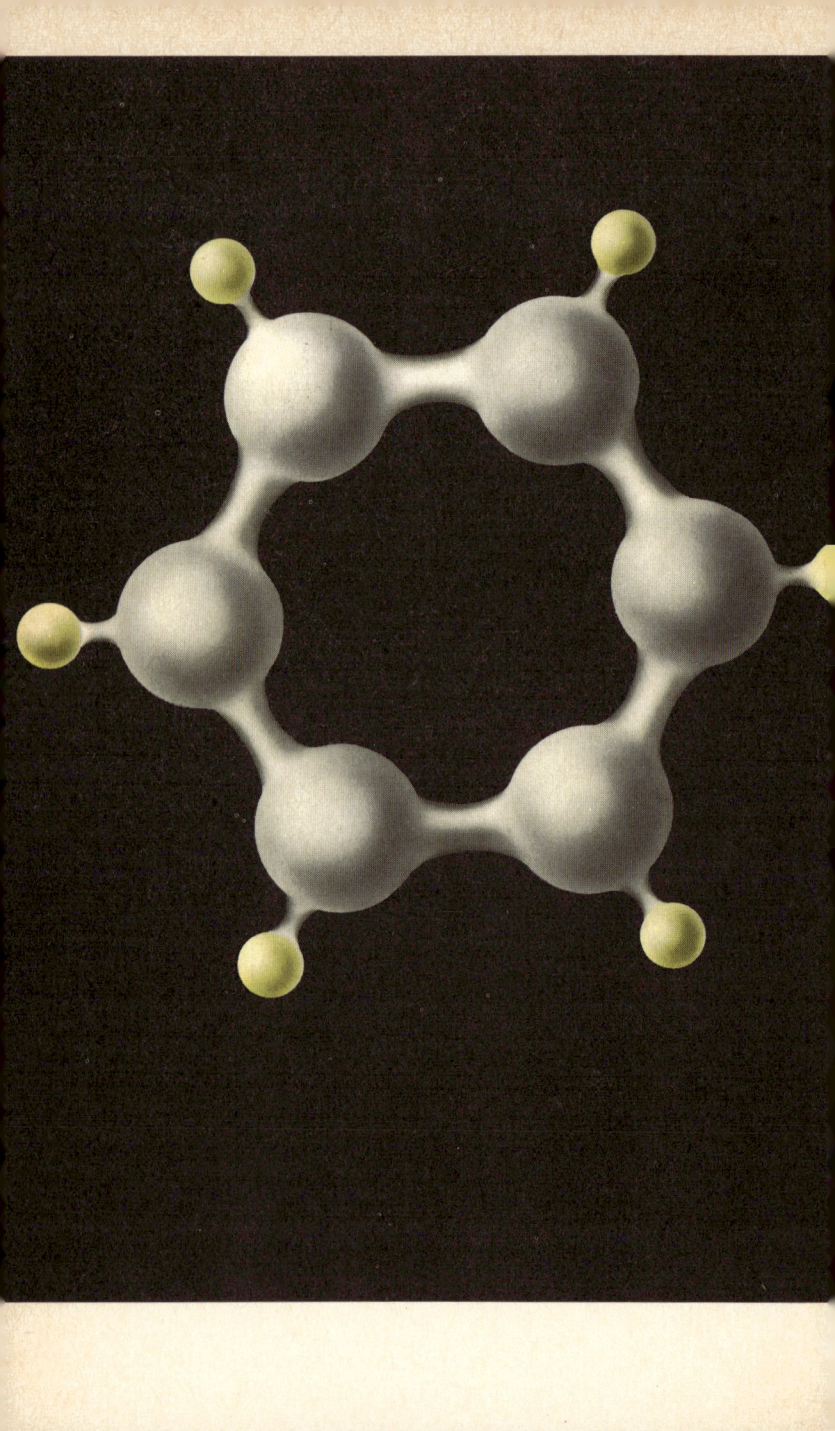

Dem deutschen Chemiker August Kekulé gelang die Aufklärung der Struktur des Benzolmoleküls. Kohlenstoffatome können sich zu ringförmigen Strukturen zusammenfügen, wobei im Falle des Benzols je 6 Kohlenstoff- und 6 Wasserstoffatome enthalten sind. Die Darstellung zeigt drei verschiedene Ansichten dieses symmetrischen Gebildes im Raume.

23 Atome im Raum anzuordnen, so daß alle Häkchen besetzt sind. Hierin zeigen sich schon die wichtigsten Eigenschaften im Aufbau der Kohlenstoffverbindungen: die Fülle ihrer Kombinationsfähigkeiten. Je größer nun die Moleküle werden, desto mehr Verzweigungsmöglichkeiten gibt es, die in ihrer Mannigfaltigkeit bis ins Unendliche gehen. Denken wir uns etwa ein Kohlenwasserstoffmolekül, das aus 40 Kohlenstoffatomen und 82 Wasserstoffatomen aufgebaut ist. Man muß dann schon mathematisch vorgehen – am besten mit einem elektronischen Computer –, um die Zahl der Verzweigungsmöglichkeiten, die in einem solchen Riesenmolekül möglich sind, zu berechnen. Es gibt insgesamt 62 Billionen 500 Milliarden Möglichkeiten, ein solches Molekül aufzubauen. Dabei besteht es lediglich aus 122 einzelnen Atomen. Im Bereich der organischen Chemie – das heißt in der Chemie der lebenden Substanzen – ist ein Molekül, das aus 122 Atomen besteht, noch ein Zwerg. Es gibt organische Moleküle, die aus Zehntausenden, ja aus Hunderttausenden von Atomen bestehen. Hinzu kommt noch, daß es sich dabei keineswegs um Verbindungen lediglich aus Kohlenstoff und Wassenstoff handelt. Auch die Atome anderer Elemente – vor allem Sauerstoff, Stickstoff, Phosphor, Kalzium, Eisen, Magnesium und viele andere – tragen ihren Anteil dazu bei, die Kombinationsfähigkeit der Materie in astronomische Dimensionen zu treiben.

Das ist aber noch nicht alles. Das Kohlenstoffatom ist imstande, nicht nur Ketten, sondern auch geschlossene Ringe zu bilden, von denen der berühmte Benzolring das beste Beispiel ist (siehe Bild Seite 42/43). In dieser wunderbaren Konfiguration sind sechs Kohlenstoffatome und sechs Wasserstoffatome zu einem symmetrischen Ring zusammengefügt, wobei wieder die einfache Grundidee unserer Häkchen in einer höchst eleganten Weise angewendet ist (siehe Bild Seite 34/35). Auch fünf Kohlenstoffatome können sich zu einem Fünfeck zusammenfügen, wobei noch Häkchen offen bleiben, an die sich Wasserstoff-, Sauerstoff- und andere Atome sowie ganze Ketten und Ringe von weiteren Kohlenstoffatomen mit ihren Anhängseln anhaken können. Vielleicht bekommen wir nun einen Begriff davon, daß in der Materie eine unüberschaubare Fülle von Kombinationsmöglichkeiten steckt. Wir brauchen uns an dieser Stelle überhaupt keine weiteren Gedanken zu machen, wie nun die Lebenssubstanz im einzelnen aufgebaut ist: eine Beschreibung der wenigen biochemischen Kenntnisse, die wir heute haben, füllt ja schon ganze Bibliotheken. Eines jedoch wird uns klar: die Zahl der Stoffe, die die Natur mit diesen wenigen Elementen aufzubauen vermag, ist so riesengroß, daß die ebenso unüberschaubare Fülle der Lebenssubstanzen und der Lebensvorgänge darin Platz findet. Die Grundvoraussetzung ist lediglich jene besondere Eigenschaft des Kohlenstoffatoms, sich mit sich selbst und anderen Atomen in zahllosen Möglichkeiten verbinden zu können.

Kohlenstoffatome sind nicht die einzigen in der Natur, die vierwertig sind. Auch die Atome der Elemente Silizium, Titan und Germanium zum Beispiel sind vierwertig. Man müßte also bei ihnen eine ähnliche unübersehbare Kombinationsfähigkeit mit sich selbst und anderen Atomen erwarten. Indessen sind die Bindungen dieser Atome untereinander wesentlich schwächer. Um bei unserem Beispiel zu bleiben, ihre Häkchen sind kleiner und weniger haltbar. Sowie sich eine an sich mögliche Kette von drei, vier oder fünf solcher Atome gebildet hat, wird sie von den leichten Atomen, die vergleichsweise viel stärkere Haken besitzen, wieder auseinandergerissen und zu kleineren Molekülgruppen verarbeitet. Aus diesem Grunde gibt es keine Chemie des Siliziums, des Titans oder des Germaniums, die in der Fülle ihrer Kombinationsmöglichkeiten mit der Kohlenstoffchemie auch nur im entferntesten zu vergleichen wäre.

In der Betrachtung unseres Themas über die Möglichkeit des Lebens auf anderen Welten haben wir eine erste und auch wohl die wichtigste Einsicht bereits gewonnen. Die Lebenssubstanz beruht auf der schier unerschöpflichen Kombinationsfähigkeit der Materie, verwirklicht durch die einzigartigen Eigenschaften des Kohlenstoffatoms. Die Lebensvorgänge beruhen auf den ebenso unüberschaubaren Möglichkeiten des Wechsels zwischen diesen Kombinationen. Wenn sich also der Kohlenstoff nicht nur auf unserer Erde, sondern auch auf anderen Himmelskörpern befindet, wird er vielleicht auch dort seine gewaltigen Möglichkeiten entfalten können. Der Kohlenstoff ist Teil der Materie des Universums, und diese Überlegung allein führt uns schon zu dem Schluß, daß das Leben durchaus eine universale Erscheinung sein muß.

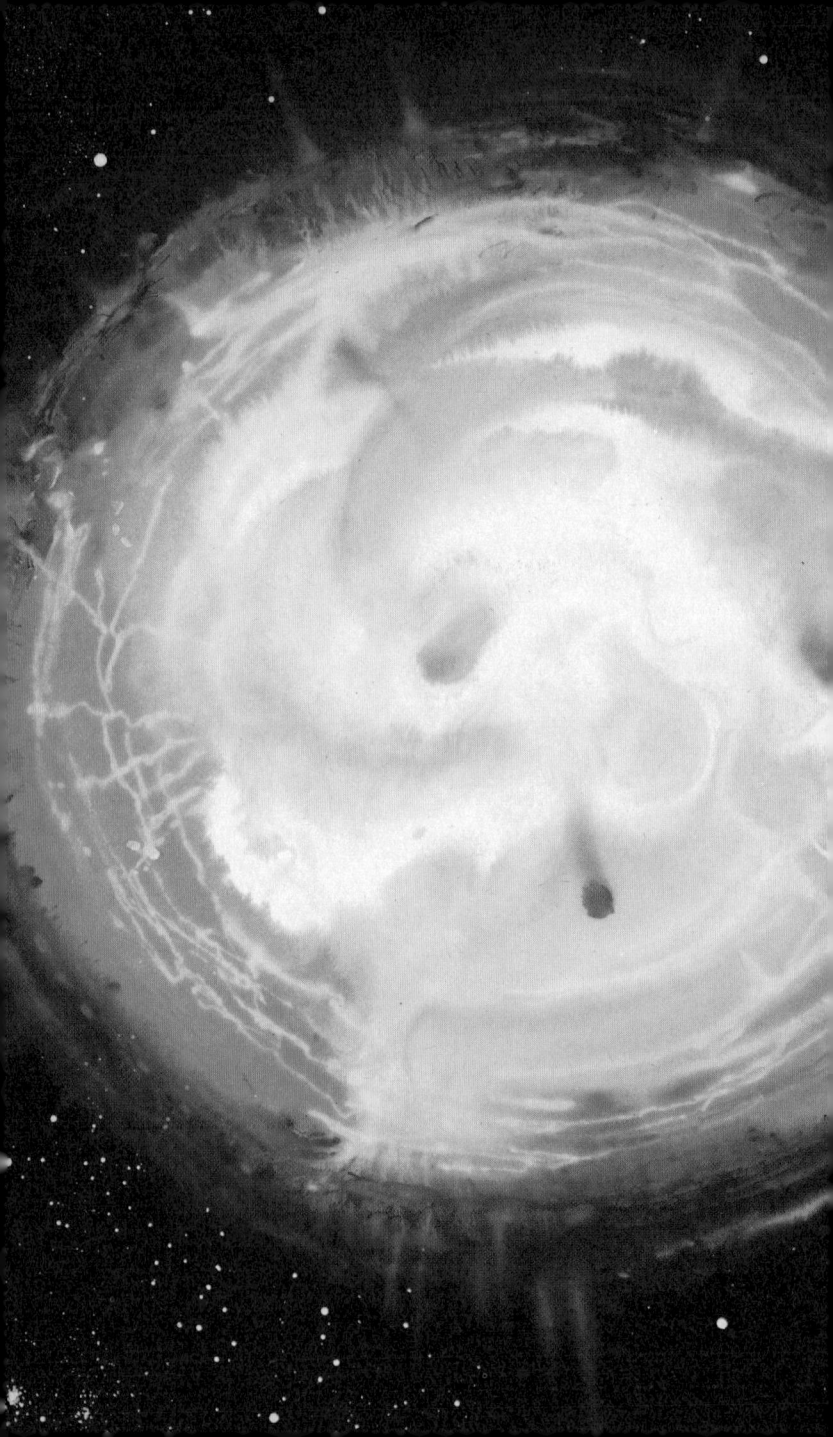

Das Lebenselement im Kosmos

Kapitel 3

Wir haben uns hier die Aufgabe gestellt, die Frage nach der Möglichkeit des Lebens auf anderen Welten im Universum zu erörtern. Freilich müssen wir das heute auf der Basis unseres Wissen über die Gesetze der Natur tun. Früher war das leichter; da konnte jeder seiner Phantasie freien Lauf lassen. Heute müssen wir systematisch vorgehen; bei jedem neuen Schritt unserer Schußfolgerungen müssen wir immer wieder prüfen, ob unsere Überlegungen nicht etwa gegen bessere Erkenntnisse verstoßen.

So haben wir gesehen, daß wir eine wichtige Frage an den Anfang unserer Diskussion stellen mußten: Was ist überhaupt das Leben? Wir sind davon ausgegangen, daß das Leben in der ganzen bunten Fülle seiner Erscheinungen vom primitivsten Einzeller bis zu dem Phänomen menschlicher Intelligenz in der materiellen Struktur der Lebenssubstanz Platz finden muß. Dabei haben wir uns vor allem klargemacht, daß wir die Materie keineswegs mehr im klassischen Sinne als materialistisch, das heißt als niedrig, anzusehen brauchen. Wir müssen nicht mehr, wie viele Denker zuvor, Zuflucht nehmen zu mystischen Vorstellungen, die man unter der Bezeichnung «Vitalismus» zusammenfaßte. Anhänger dieser Denkweise waren überzeugt, daß die tote sublunare Materie von sich aus nie imstande sein könne, das Geheimnis des Lebens zu beherbergen. Dazu, so glaubte man, bedürfe es einer göttlichen, übersinnlichen Kraft.

Im letzten Kapitel nun haben wir gesehen, daß die Natur im materiellen Aufbau ihrer Stoffe ein machtvolles Prinzip angewendet hat: die unerschöpfliche Kombinationsfähigkeit ihrer Bausteine. Der unbefangene Betrachter sieht darin vielleicht nur ein kaltes, mathematisches Prinzip; wenn er das tut, geht er jedoch an einer wichtigen Erkenntnis vorbei. Dafür wollen wir ein Beispiel geben.

Alle denkenden Menschen, auch diejenigen, die nichts auf die Erhaben-

Ein Stern explodiert. Unter Abgabe einer riesigen Strahlungsmenge während weniger Tage oder sogar nur Stunden erlebt ein Stern eine gewaltige Katastrophe, die über die Milchstraßenräume hinweg weithin als «Supernova» sichtbar wird. Dabei werden schwere Atomarten, darunter auch Kohlenstoffatome, ins All verstreut.

heit des menschlichen Geistes kommen lassen, werden bestimmt nicht bestreiten, daß man im Schatze der menschlichen Literatur eines der wertvollsten Geistesgüter erblicken muß. Wenn wir die Literatur jedoch nur rein mathematisch ansehen, so besteht sie in ihrer Gesamtheit lediglich aus einer sehr vielfältigen Kombination von Worten, die insgesamt aus nicht mehr als 26 Buchstaben aufgebaut sind. In einer modernen Sprache gibt es sechzigtausend bis hunderttausend solcher Kombinationen, die sich jeweils aus mehreren dieser 26 Buchstaben zusammensetzen. Eine solche Kombination nennen wir «Wort», und jedes Wort hat eine oder mehrere Bedeutungen. In ihrer Kombination schließlich können diese Wörter jene Fülle von Gedanken repräsentieren, aus denen sich die Weltliteratur zusammensetzt. Hinzu allerdings kommt noch der unübersehbare Bereich der Gefühle, die sich freilich nicht mit Worten ausdrücken lassen.

Ein anderes Beispiel ist der Begriff der Zahl, die ja auch eine Schöpfung des menschlichen Geistes ist. Dort ist die Kombinatorik noch einfacher als bei den Buchstaben und den Worten. So kann man die unendliche Reihe der Zahlen durch eine Kombination von nur zwei Symbolen darstellen. Das ist das berühmte Dualsystem, das bei modernen elektronischen Rechenmaschinen benutzt wird. Betrachten wir einmal die Zahlenreihe in der übernächsten Zeile, die lediglich aus den Zahlen Null und Eins in einer bestimmten Reihenfolge zusammengesetzt ist.

11010001101110010010011101001100011011001110100010111001011100 ...

Für einen Mathematiker hat diese Zahlenfolge einen bestimmten Sinn. Wenn wir nur eine dieser Zahlen ändern, indem wir etwa die an der 27. Stelle stehende Null in eine Eins verwandeln, so entsteht für den Mathematiker eine völlig neue Bedeutung.

11010001101110010010011101011100011011001110100010111001011100 ...

Dieses letzte, vielleicht einfachste Beispiel macht uns am besten klar, welche Ausdruckskraft in der Kombinatorik steckt. Dieser Trick ist der Natur schon seit Milliarden von Jahren bekannt, und sie hat ihn in der Schöpfung in hervorragender Weise genutzt. Darin hat auch das Leben Platz. In der Erkenntnis dieser Tatsache können wir demnach auf alle Konstruktionen, wie etwa den Vitalismus, verzichten.

Wenn man schon mit 26 Buchstaben oder gar nur mit zwei Zahlensymbolen eine so unerschöpfliche Fülle von Gedanken und Informationen symbolisieren kann, dann können wir durchaus erwarten, daß die Schöpfungskraft der Natur mit der Kombination ihrer Atome keine Grenzen kennt. Ja, sie konnte sich bei der Erschaffung des Lebens sogar leisten, sich in der Hauptsache nur auf die Vielseitigkeit einer einzigen Atomart – die Atome des Elementes Kohlenstoff – zu beschränken. Die Zahl der Möglichkeiten, mit denen sich die Atome des Kohlenstoffs in Verbindung mit sich selbst und mit Atomen von nur wenigen anderen Elementen vereinigen können, ist unübersehbar. So sind wir zu dem

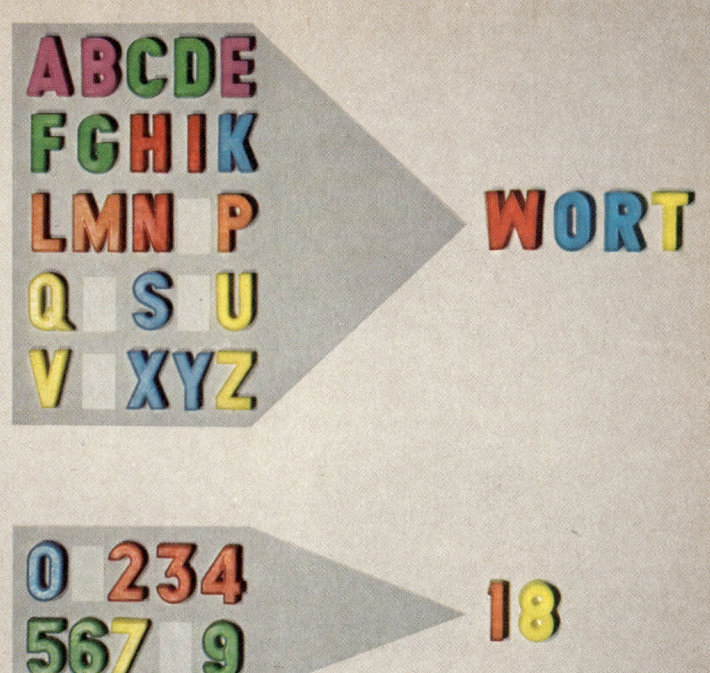

Aus den 25 Symbolen der Buchstaben des Alphabets und aus den 10 Zahlensymbolen läßt sich eine schier unübersehbare Vielfalt von Kombinationen erstellen, wie hier die Kombinationen «Wort» und «18». Es ist dies ein Beispiel für die Kombinationsfähigkeit der Kohlenstoffverbindungen, welche in ihrer Mannigfaltigkeit die Lebenssubstanz bilden.

Schluß gekommen, daß sich dem Leben im Universum überall dort eine Chance bietet, wo Kohlenstoff zu finden ist und er seine Kombinationsfähigkeit entfalten kann.

Wenn wir also mit der Geschichte des Lebens im Universum ganz am Anfang beginnen wollen, dann müssen wir uns zuerst einmal die Frage stellen: Was ist überhaupt Kohlenstoff, und wie ist er wohl entstanden? Es ist typisch für die moderne Naturwissenschaft, daß man fast bei jedem Thema, das man anpackt, immer wieder auf die Atome und ihre Struktur zu sprechen kommt. Obwohl man darüber in vielen Büchern lesen kann, wollen wir unserem Leser ersparen, dort nachzuschlagen; wir wollen uns aber kurz fassen.

Das einfachste Atom in der Natur ist das Wasserstoffatom. Es besitzt einen Kern, der aus einem einzigen Teilchen besteht. Dieses trägt eine positive elektrische Ladung, und sie ist – im Vergleich zur Größe des Teilchens – sehr stark. Es ist ein sogenanntes Elementarteilchen; man nennt es Proton. Seiner Größe nach ist es einige zehntausendmal kleiner als das Wasserstoffatom selbst. Das Wasserstoffatom ist nur deswegen so groß, weil es von einem sehr viel leichteren, elektrisch negativ geladenen Teilchen in einer weiten Bahn umkreist wird, nämlich wie ein Planet um seine Sonne läuft. Dieses negative Teilchen ist ebenfalls ein Elementarteilchen: man nennt es Elektron. Nach außen hin ist also ein Wasserstoffatom elektrisch neutral. Die Größe dieses Atoms wird gemessen am Durchmesser der Bahn, die das Elektron in weiter Entfernung um das Proton beschreibt. Ein solches Atom besteht daher weitgehend aus leerem Raum.

Die Wissenschaftler streben immer danach, sich den Ursprung der Dinge möglichst einfach vorzustellen. So konnten sie nicht der Versuchung widerstehen, sich den Ursprung des Universums als eine riesige Ansammlung von diesen einfachsten Atomen vorzustellen. Eine gewisse Berechtigung für diese Annahme sehen sie darin, daß diese Voraussetzung genügte, um im Rahmen der Naturgesetze die ganze weitere Entwicklung der Natur bis zu den höchsten Stufen des Lebens zu verstehen. Eine Stufe in dieser Entwicklung bestand darin, daß Atome des Elementes Kohlenstoff und auch der anderen Elemente entstanden.

Die riesige Wolke aus Wasserstoffatomen, die das Weltall zu Beginn erfüllte, zerfiel in zahllose kleine Verdichtungen, die sich immer mehr zusammenzogen und Sterne bildeten. Die Ursterne bestanden demnach aus gewaltigen Kugeln von Wasserstoffatomen. Als sich diese immer weiter zusammenzogen, stiegen Druck und Temperatur in ihrem Innern an. Unter diesen Umständen begannen sich die Wasserstoffatome immer schneller zu bewegen, und bei ihrem rastlosen Hin und Her stießen sie aneinander, wobei die Elektronen abgerissen wurden. Im Kern der Sterne entstand daher ein heißes, dichtes, quirliges Gemisch von Wasserstoffkernen und Elektronen. Im weiteren Verlauf unserer Geschichte brauchen wir uns um die Eelektronen nicht mehr zu kümmern, denn nur die Atomkerne sind für uns von Interesse. Die Atomkerne des Wasserstoffs – die Protonen – sind positiv elektrisch geladen. Das hatten wir schon gesagt. Diese Ladung jedoch bewirkt, daß sie sich gegenseitig abstoßen, und trotz der großen Geschwindigkeiten, mit denen sie im Innern der Sterne durcheinanderwirbelten, kamen sie deshalb nicht in Berührung. Erst als der Druck und die Temperatur bei der stets fortschreitenden Kontraktion der Sternmasse immer weiter anstiegen, kam es schließlich dazu, daß die Atomkerne des Wasserstoffs dennoch in

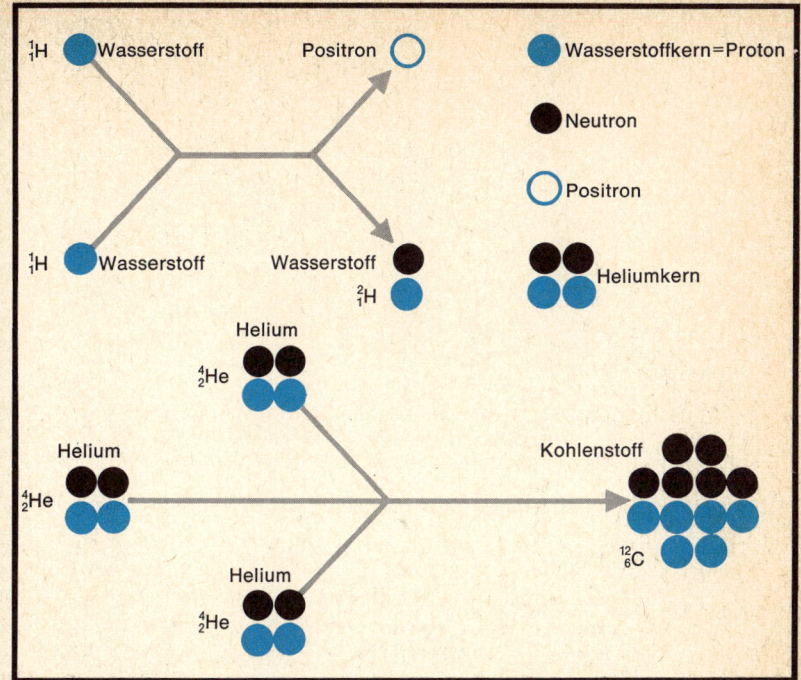

Schematische Darstellung der Entstehung eines Kohlenstoffatomkerns im Innern der Sonne und der Sterne. Zwei Wasserstoffatomkerne (sogenannte Protonen, blau) verschmelzen zu einem Deuteronkern, wobei ein Positron (offener Ring) abgegeben wird. Eine Wiederholung dieses Prozesses führt zum Heliumatomkern, bestehend aus zwei Protonen und zwei Neutronen (schwarz). Drei Heliumkerne verschmelzen zu einem Kohlenstoffkern, bestehend aus 6 Protonen und 6 Neutronen.

Kontakt kamen. Sowie dies geschah, hafteten sie aneinander und bildeten damit einen Atomkern, der doppelt so schwer war. Darin sehen wir heute eines der fundamentalsten Ereignisse in der Natur, da zwei sehr wichtige Konsequenzen damit verbunden sind. Zunächst einmal ist eine solche Vereinigung – die man auch Kernverschmelzung nennt – mit der Freisetzung von Energie verknüpft. Aus diesem Grunde wird im Innern der Sterne, wo dauernd solche Kernverschmelzungen stattfinden, so viel Energie frei, daß der gewaltige Gasball zu leuchten beginnt. Er ist nun zu einem echten Stern geworden.

Die zweite Konsequenz ist jedoch für unsere Geschichte ebenso wichtig. Bei diesen Kernverschmelzungen nämlich werden die Atomkerne der

schweren Atome aufgebaut. So ist zum Beispiel der Kern eines Kohlenstoffatoms zwölfmal so schwer wie der Kern eines Wasserstoffatoms. Wir wollen hier nicht auf die Details der Kernphysik eingehen – soweit wir die Vorgänge hier beschrieben haben, können wir verstehen, daß im Innern der Sterne durch diese Prozesse netto aus 12 Wasserstoffatomen ein Kohlenstoffatom entstehen kann. In gleicher Weise sind auch die Atome der anderen Elemente im Innern der Sterne entstanden. 14 Wasserstoffatome können netto ein Stickstoffatom aufbauen; 16 von ihnen ein Sauerstoffatom und 56 von ihnen ein Eisenatom. Im Laufe der Jahrmilliarden der Geschichte des Weltalls sind somit in den superheißen Öfen im Innern der Sterne die 92 verschiedenen Atomarten der chemischen Elemente zusammengekocht worden. Diese Prozesse sind auch heute noch im Gange und werden wohl noch viele Milliarden von Jahren vor sich gehen.

Bei diesen großartigen Prozessen der Sternentstehung kommt es immer wieder vor, daß einige von ihnen durch die Ansammlung einer besonders großen Masse entstanden sind. Andere Sterne sind schon von Geburt an sehr klein. Man kann sich nun gut vorstellen, daß gerade bei den großen Sternen die Prozesse der Bildung der Elemente und gleichzeitig die Erzeugung von strahlender Energie besonders heftig vor sich gehen. Diese Sterne neigen dazu, an einem bestimmten Punkt ihrer Entwicklung unstabil zu werden: sie explodieren schließlich. Das sind gewaltige Naturereignisse, die wir Menschen unter vielen Hunderttausenden von Sternen an einigen wenigen Exemplaren im Verlaufe der Jahre immer wieder beobachten können. Diese Explosionen sind von gewaltigen Lichtausbrüchen begleitet. Die Astronomen beobachten dann am Himmel einen «neuen Stern». Freilich ist er nicht im echten Sinne ein neuer Stern; der explodierende Stern war zuvor lediglich so lichtschwach, daß man ihn nicht registriert hatte.

Worauf es uns hier jedoch ankommt: das Material des explodierenden Sternes wird in die tiefen Räume des Weltalls hinausgeblasen. Darunter befinden sich auch unvorstellbare Mengen von Kohlenstoffatomen, die in der langen Jugendzeit des Sternes in seinem Innern entstanden sind. Auch die Atome der anderen schweren Elemente, wie etwa des Sauerstoffs, des Magnesiums, des Eisens und des Goldes befinden sich darunter. Nachdem also das Weltall bereits einige Milliarden Jahre alt war, hat sich in seinem stofflichen Aufbau schon etwas geändert. Ursprünglich, bevor die ersten Sterne entstanden, gab es nur Atome des Wasserstoffs, die als fein verteiltes Gas die Räume des Universums erfüllten. Nachdem sich einige Hunderte von Millionen solcher Sternexplosionen ereignet hatten, befanden sich unter den Atomen im Weltall schon einige Spuren der schwereren Elemente. Die Prozesse, die einst die Sterne der ersten Generation geformt hatten, waren aber immer noch im Gange. Das Wasserstoffgas, in dem sich nun einige Spuren der schweren Elemente, darunter auch Kohlenstoff, befanden, verdichtete sich zu neuen jungen Sternen. Diese Sterne der zweiten Generation also enthielten, wenn auch nur in einer ganz geringen Zumischung, Atome des Kohlenstoffs, des Elements des Lebens. Das erste Blatt im Buche des Lebens war damit geschrieben.

Unsere Sonne ist ein Stern der zweiten Generation. Gewiß, auch ihr riesiger Gasleib besteht zum größten Teil noch aus Wasserstoff, der etwa 70 Prozent ihrer Masse ausmacht. Etwa 29 Prozent ihrer Substanz besteht aus Helium. Die Atome des Elements Helium sind die zweiteinfachsten und zweitleichtesten Atome in der Natur. Sie sind das erste Produkt, das bei der Verschmelzung von Wasserstoffatomen im Innern der Sterne entsteht. So hat unsere Sonne im Verlaufe der sechs bis acht Milliarden Jahre ihres Lebens fast das gesamte Helium, das sie enthält, auch selbst hergestellt. Nur etwa ein Prozent ihres Körpers besteht aus Atomen der schwereren Elemente, von denen wieder Kohlenstoff nur einen Bruchteil bildet. Einen Teil des Kohlenstoffs, den sie enthält, hat sie auch selbst erzeugt.

Während die Sonne selbst sich aus einer riesigen Gaswolke bildete, sind auch die Planeten, darunter die Erde, entstanden. Da die Sonne mit dem System ihrer Planeten bereits zur zweiten, vielleicht sogar zur dritten Generation der Himmelskörper gehört, befand sich in dieser Gasmasse schon eine beträchtliche Anzahl von schweren Elementen, darunter auch Kohlenstoff. Das ist der Grund, weshalb sich in den Planeten, die die Sonne umkreisen, die Atome schwerer Elemente ansammeln konnten. Vom Körper unserer Erde bildet der Kohlenstoff einen zwar recht bescheidenen Anteil; es gibt aber genug Atome dieses Elementes auf unserem Planeten, so daß das zweite Kapitel der Entstehung des Lebens geschrieben werden konnte.

Sowie nämlich die Erde sich nach ihrer Entstehung zu einer Kugel zusammenballte, sich abkühlte und eine Lufthülle und ein Weltmeer erwarb, begann der Kohlenstoff sein zauberhaftes, unendlich variantenreiches Spiel zu spielen. Die Kräfte der Chemie, die einem jeden Atom des Kohlenstoffs schon mit seiner Geburt mitgegeben worden waren, konnten sich nun entfalten. Die Kohlenstoffatome verbanden sich mit ihresgleichen und auch mit Atomen der anderen Elemente und bildeten immer größere, komplexere Strukturen. So wurde die materielle Sub-

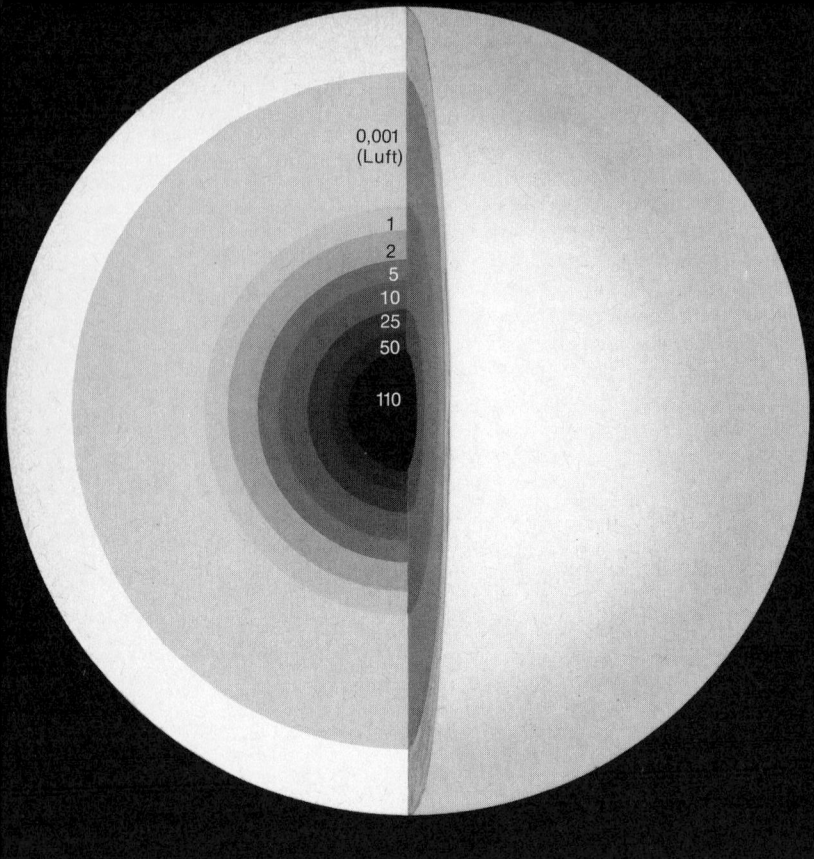

0,001
(Luft)

1
2
5
10
25
50

110

Schnitt durch die Sonnenkugel mit Angabe der steil zunehmenden Dichte des Sonnenmaterials. Der Maßstab entspricht der Luftdichte an der Oberfläche der Erde. Die Temperaturen steigen direkt proportional zur Dichte (vgl. rechtes Bild).

stanz des Lebens geschaffen. Milliarden von Jahren standen zur Verfügung, so daß schließlich das entstehen konnte, was wir Leben nennen.

Es ist also ein geradliniger Weg, den die Entwicklung von der urtümlichen Wasserstoffwolke im Universum zur Schaffung der Lebewesen auf einem Planeten wie der Erde gelaufen ist. Die Phasen dieser gewaltigen Evolution folgten in natürlicher Weise aufeinander, und wir können diese Folge heute im Rahmen der Naturgesetze der Physik und der Chemie begreifen.

Gerade eben hatten wir gesagt, daß jedes Kohlenstoffatom, das irgendwo im Universum in dem heißen Kern eines Sternes entstand, mit jener

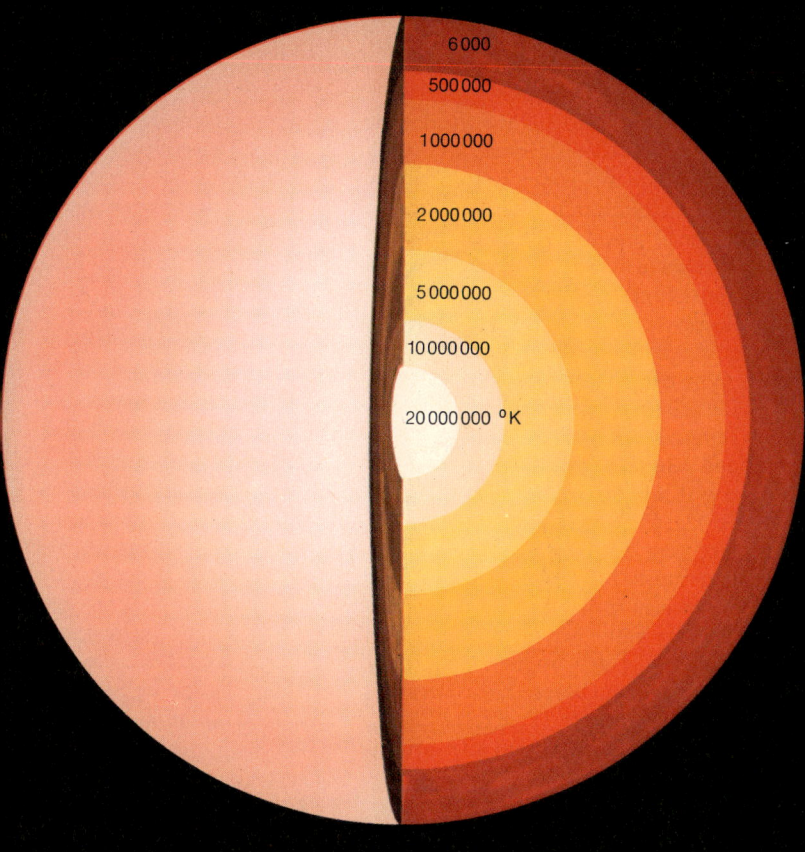

6 000
500 000
1 000 000
2 000 000
5 000 000
10 000 000
20 000 000 °K

Schnitt durch die Sonnenkugel mit Angabe der steil zunehmenden Temperatur in Richtung auf den Kern, wo eine Temperatur von 20 Millionen Grad herrscht. Diese Temperaturen reichen aus, um Atomkerne unter Abgabe von Energie und unter Bildung schwerer Atomsorten zusammenzuschmelzen.

wunderbaren Fähigkeit ausgestattet worden ist. Wieso kommt es dann, daß die Kohlenstoffatome auf der Sonne, die es dort ja ebenfalls in großer Zahl gibt, sich nicht auch zur Bildung einer Lebenssubstanz zusammengefunden haben? Mit dieser Frage nähern wir uns einer weiteren sehr wichtigen Erkenntnis über die Natur der Lebenssubstanz. Ein Kohlenstoffatom kann nämlich seine hochentwickelten Kombinationsfähigkeiten nur dann entfalten, wenn es – im wahrsten Sinne des Wortes – in Ruhe gelassen wird.

Betrachten wir einmal ein Kohlenstoffatom auf der Sonne. Auf ihrer Oberfläche herrscht eine Temperatur von 6000 Grad Celsius. Physikalisch gesehen bedeutet eine hohe Temperatur, daß die Atome einer so heißen Masse sich mit sehr großer Geschwindigkeit bewegen. Sie sausen hin und her, stoßen aneinander, und ein jedes Atom legt in einer Sekunde einen wirren Zickzackweg zurück, der trotz Tausenden von Zusammenstößen mit anderen Atomen viele Kilometer lang ist. Wenn also ein Kohlenstoffatom in einem solchen heißen Gas vielleicht einmal einen Partner trifft, mit dem es sich chemisch verbinden könnte, so wird es durch den Zusammenprall mit anderen Atomen innerhalb der nächsten Tausendstelsekunde wieder weggerissen. Bei solch hohen Temperaturen kann ein Kohlenstoffatom seine hervorragenden Talente überhaupt nicht entfalten. Auch der begabteste Künstler könnte wohl nie ein Gemälde schaffen, wenn ihm dauernd der Pinsel aus der Hand gerissen wird.

Wenn Atome sich zu Molekülen zusammenfinden wollen, dann darf die Temperatur nicht so hoch sein wie in den Sternen. Das ist der Grund, weshalb die Materie in den Sternen sehr einförmig ist. Dort gibt es, wenn wir von den kühlsten Sternen absehen, fast überhaupt keine Moleküle. Die Masse der Sterne besteht aus einzelnen Atomen. Ja, wenn wir nur ein paar hundert Kilometer unter ihre Oberfläche steigen, ist die Temperatur so hoch, daß bei den heftigen Zusammenstößen der Atome untereinander sogar ihre äußeren Hüllen, die Elektronen, weggerissen werden. Im Sinne der Chemie sind alle Sterne – darf man sagen – sehr langweilig. Bei den Sternen erschöpft sich die Erfindungskraft der Natur darin, daß in ihnen durch Kernverschmelzung Energie befreit wird und dabei die Atome schwererer Elemente entstehen. Diese können sich bei so hohen Temperaturen allerdings überhaupt nicht miteinander verbinden.

Erst wenn die Temperatur absinkt, vielleicht auf 2000 oder 1000 Grad Celsius, dann wird die Bewegung der Atome so verlangsamt, daß diese Bausteine der Natur sich zu Molekülen vereinigen können, ohne daß sie gleich wieder auseinandergeschlagen werden. Da die Atome des Kohlenstoffs mit sich selbst und mit den Atomen anderer Elemente sehr große Moleküle bilden, kann man sich vorstellen, daß diese wohl sehr temperaturempfindlich sein müssen. Ein organisches Molekül, das aus Ketten und Ringen von vielleicht 10 000 Atomen besteht, ist naturgemäß ein recht empfindliches Gebilde. Wenn man es in eine heiße Umgebung versetzt, so kann es die heftigen Stöße der anderen Atome, denen es

Links: Die Skala eines Thermometers dient dazu, die Lebensbereiche zu kennzeichnen. Aktives Leben ist nur bei einer mittleren Temperatur möglich; bei tiefen Temperaturen kann das Leben nur latent existieren, während es bei höheren Temperaturen zerstört wird.

Rechts: Ein größerer Maßstab der Temperaturskala zeigt die jeweiligen physikalischen Zustände der Moleküle.

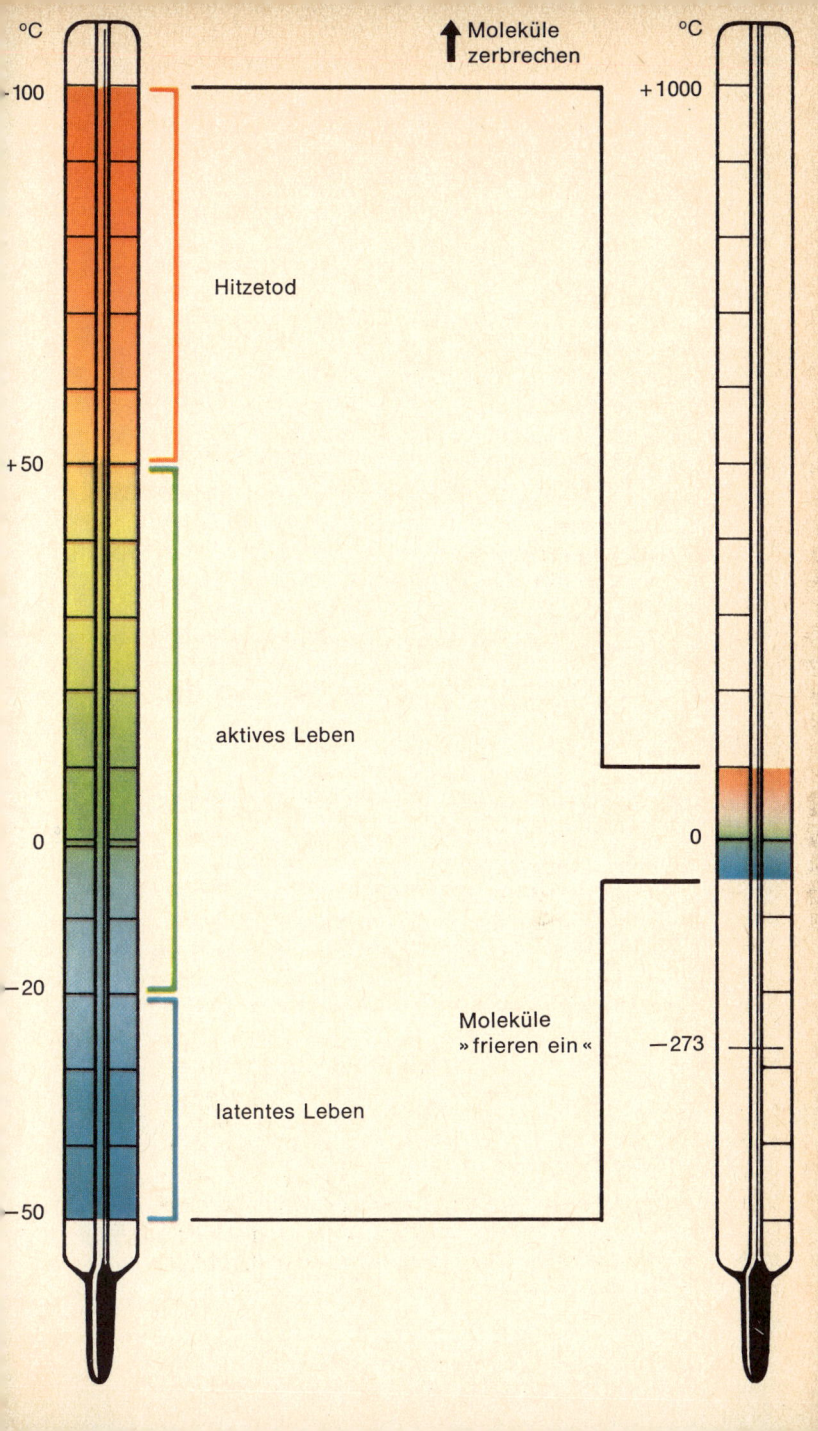

dabei dauernd ausgesetzt ist, nicht ohne Schaden überstehen. Bei dieser rohen Behandlung wird es zerstört. Das ist der Grund, weshalb wir den Schauplatz der Entstehung des Lebens im Universum auf einen Planeten wie unsere Erde verlegen mußten. Die Oberfläche der Erde nämlich hat eine so milde Temperatur, daß Kohlenstoffatome dort die Ruhe finden, ihre wunderbaren Fähigkeiten der Kombination miteinander zu entfalten.

Allerdings darf es auch nicht zu kalt sein. Damit die Atome des Kohlenstoffs bei der Bildung dieser Riesenkonstruktion im molekularen Bereich auch zueinander finden, bedarf es einer gewissen Aktivität. Bei ganz niedrigen Temperaturen – 100 oder 200 Grad Celsius unter Null – ist die Bewegung der Atome gegeneinander so gering geworden, daß sie fast immer an ihrem Platz verharren. Es liegt auf der Hand, daß unter diesen Umständen die Variationsfähigkeit der Kohlenstoffatome im echten Sinne des Wortes einfriert. Für den Aufbau und die wechselseitige Beziehung der Riesenmoleküle der Kohlenstoff-Chemie brauchen wir also einen richtig bemessenen, mittleren Grad der Temperatur.

Diese Bedingung einer mäßigen Temperatur haben wir uns jetzt lediglich vom Standpunkt eines einzelnen Kohlenstoffatoms her angesehen und auch begriffen, wie wichtig sie ist. Die gleiche Bedingung jedoch können wir auch an dem Verhalten der Lebenssubstanz ablesen. Jedes Lebewesen – auch die primitivste Bakterie – ist gegenüber jeder Temperatursteigerung äußerst empfindlich. Es ist bekannt, daß man chirurgische Instrumente durch Kochen sterilisieren kann. Fast jedes Lebewesen wird bei einer Temperatur von 80 bis 100 Grad Celsius abgetötet. Das liegt einfach daran, daß ihm bei hohen Temperaturen die materielle Substanz entzogen wird. Die komplizierten Kohlenstoffverbindungen, aus denen sich die Körper der Lebewesen aufbauen, werden selbst bei diesen mäßig hohen Temperaturen zerstört; die chemische Verbindung der komplizierten molekularen Gebäude zerbricht, und sie zerfallen in unwirksame Bruchstücke.

Aber auch niedrige Temperaturen sind – wie wir wissen – lebensfeindlich. Höhere Lebewesen erfrieren, wenn sie für längere Zeit Temperaturen unter Null ausgesetzt sind. Bei niederen Lebewesen können wir beobachten, daß sie beim Einfrieren in eine scheinbar leblose Starre fallen, aus der sie allerdings beim Auftauen wieder zum Leben erweckt werden können. Auch das können wir aus der molekularen Struktur der Lebenssubstanz begreifen. Die komplizierten Bausteine, die das Kohlenstoffatom aufbaut, werden durch tiefe Temperaturen zwar nicht zerstört. Andererseits aber erfordern die Lebensvorgänge einen ständigen stofflichen Umsatz zwischen den einzelnen Riesenmolekülen der Lebenssubstanz. Diese Veränderungen und diese stofflichen Austauschvorgänge erfordern eine gewisse Beweglichkeit der organischen Moleküle, die bei niedrigen Temperaturen immer mehr gehemmt wird. Wenn schließlich

Verschmelzung von Atomkernen im Innern der Sonne und der Sterne. Die gleich-
namig (positiv) geladenen Atomkernteilchen stoßen einander ab. In dem quirli-
gen Gemisch der sehr schnellen Teilchen jedoch kommt es gelegentlich zu einem
Zusammenstoß mit anschließender Verschmelzung der Teilchen unter Abgabe
eines Energieblitzes.

bei Tiefsttemperaturen auch die kleinsten Bewegungen der Lebenssubstanz im atomaren Bereich immer geringer werden, so kommen die Lebensvorgänge schließlich zum Stillstand. Bei höheren Lebewesen dürfen diese Lebensvorgänge niemals zum Stillstand kommen, wenn der Organismus nicht verfallen soll. Das ist der Grund, weshalb höhere Lebewesen erfrieren. Nur bei den einfacheren Lebensformen lassen sich die Lebensvorgänge ohne Schaden des Organismus für kürzere oder längere Zeit stillegen. Sie kommen dann wieder in Gang, wenn eine erhöhte Temperatur erneut Bewegung in das molekulare Geschehen der Lebenssubstanz bringt.

Das Element des Lebens – der Kohlenstoff – hat also im Kosmos ein Schicksal, das durch die Gesetze der Natur sehr genau bemessen ist. Seine Atome entstehen in der unvorstellbaren Glut im innersten Kern der Sterne. Wenn es aber dazu kommen soll, daß der Kohlenstoff seine wundersame Potenz der Mannigfaltigkeit, deren das Leben bedarf, entfalten soll, muß er jene Bereiche des Universums finden, in denen milde Temperaturen herrschen.

Vom Geld ist die Rede, von wem noch?

Geld spielte für ihn keine Rolle . . .

... denn er, der Göttliche, erhielt genug von seinen Zeitgenossen, um sich, falls er's nötig hatte, zu ernähren: Jedes Frühjahr stiftete ihm jeder Bauer ein Schaf, ein Schwein und einen Stier – und der Empfänger hatte nichts weiter zu tun, als sich um die Fruchtbarkeit der Felder und die Mehrung der Erträge zu kümmern. Außerdem erhielt er jedes Jahr im Oktober die beiden Pferde, die bei einem Wagenrennen ihm zu Ehren siegten, auf einem Exerzierfeld, das nach ihm benannt war – Ehre genug also.

Nun ja, er war sozusagen der Großvater der Stadt und des Staates, die ihn so ehrten. Als die Tochter Numitors, des Königs von Alba Longa, Zwillinge gebar, gab sie ihn, von dem hier die Rede ist, als Vater an. Aber der König glaubte seiner Tochter Rhea Silvia nicht und ließ die Säuglinge im nahen Fluß versenken. Natürlich wurden sie errettet, und natürlich auf wunderbare Weise. Sie gründeten später eine Stadt an dieser Stelle, wobei einer der beiden den anderen erschlug, aber solche Kleinigkeiten störten damals nicht sehr.

Der mutmaßliche Vater, von dem hier die Rede ist, hat sein wahres Aussehen stets vor der Öffentlichkeit verborgen, aber Phantasie-Bildnisse zeigen ihn meist in kriegerischer Pose, mit einem buchstäblich martialischen Helm auf dem bärtigen Haupte. Er hatte sich nun außer um die Landwirtschaft auch noch um das Kriegswesen zu kümmern. Seine Speere bewahrte man in einem Sacrarium auf. Spätere Generationen befragten diese Waffen vor Ausbruch eines Krieges wie ein Orakel: Bewegten sie sich nach dem Befehl aufzuwachen von selbst, so war das Omen schlecht. Der Zahl der Kriege nach, die jener Staat führte, müssen die Waffen das Trägheitsgesetz gekannt haben – sie bewegten sich nie von selbst, so daß die Krieger stets getrost ins Feld ziehen konnten.

Übrigens, und zur Erklärung, warum diese Folge der Namen-Rateserie gerade in diesem Buch steht: Ein Wandelstern ist nach jenem benannt, der hier beschrieben wurde, ein Stern, auf dem schon mancher Schriftsteller Brüder im All vermutete. Von wem war die Rede?

(Alphabetische Lösung: 13–1–18–19)

Die Bühne des Lebens bereitet sich

Kapitel 4

Mit der hervorragenden Erfindung des Kohlenstoffatoms hat die Natur den ersten und wohl auch wichtigsten Schritt auf dem Wege zur Erschaffung des Lebens getan. Denn diese Atomart hat die Eigenschaft, daß sie sich in nahezu unendlichen Variationen mit sich selbst und anderen verbinden kann, um der bunten Fülle des Lebens die materielle Basis zu schaffen. Die Moleküle der organischen Chemie, die sich ausnahmslos auf diese Kombinationsfähigkeit des Kohlenstoffatoms stützen, sind so vielgestaltig wie das Leben selbst. So gibt es Moleküle des Zuckers, des Eiweiß (der Proteine), der Enzyme, der Vitamine und der Hormone. Den höchsten Grad an Kompliziertheit im Aufbau schließlich erreichen die Substanzen, in denen die Steuerfunktionen einer lebendigen Zelle enthalten sind. Es sind die sogenannten Nukleinsäuren, die sich in den Zellkernen befinden.

Wenn wir also nach dem Leben im Kosmos Ausschau halten wollen, dann müssen wir den Kohlenstoff suchen. Wenn wir die Materie im Universum als Ganzes überblicken, dann stellen wir fest, daß die Atome des Kohlenstoffs zwar nicht überaus selten, aber auch keineswegs sehr häufig sind. Praktisch die gesamte Materie des Weltalls, aus der sich die Sterne aufbauen, besteht aus den einfachsten Atomen, die es überhaupt gibt – aus den Atomen des Wasserstoffs. An zweiter Stelle in der Häufigkeit liegt das zweiteinfachste Atom, das Heliumatom. Diese beiden Atomarten zusammen umfassen mehr als 99 Prozent der gesamten Materie des Weltalls. Demgegenüber sind die Kohlenstoffatome selten. Noch nicht einmal jedes tausendste Atom im Weltall, ja sogar nur etwa jedes zehntausendste ist ein Kohlenstoffatom. Wenn man sich diese Zahlen vor Augen führt, so muß man wohl den Schluß ziehen, daß das Leben im Weltall nur eine sehr geringe Chance hat, da das Element des Lebens selbst offenbar eine recht seltene Kostbarkeit darstellt. Das ist aber noch nicht alles. Betrachten wir jetzt einmal die Verteilung dieser so seltenen Kohlenstoffatome im Kosmos. Dabei müssen wir feststellen, daß sich fast der gesamte Kohlenstoff des Universums in den Körpern der Sterne befindet. Er existiert dort unter Temperaturen, die in die Tausende, ja in die Millionen Grad gehen. Jedes Kohlenstoffatom, das sich unter solch extrem hohen Temperaturen befindet, ist als möglicher Träger der Lebenssubstanz verloren. Bei diesen hohen Temperaturen nämlich kann es sich weder mit seinesgleichen noch mit anderen Atomen verbinden. In einer gewissen Weise ist also die zauberhafte Erfindung der Natur – nämlich, daß Kohlenstoffatome zu so komplexen Verbindungen befähigt sind – verschwendet.

Man schätzt, daß etwa die Hälfte, ja vielleicht sogar nur ein Zehntel oder ein Hundertstel der gesamten Materie des Weltalls in den heißen Sternen zusammengeballt ist. Der wohl größte Teil der Materie erfüllt auch heute noch das Weltall in der Form eines unvorstellbar fein verteilten Gases, das überwiegend aus Wasserstoff besteht. Es sind also ungezählte Atome, die in den riesigen Räumen des Alls verloren sind. Viele von ihnen werden sich auch noch in Zukunft zur Bildung neuer Sterne zusammenballen.

Diese Materie zwischen den Sternen und den Milchstraßen ist zudem durchmischt mit einer riesigen Zahl von winzigen Staubkörnchen. Die schwereren Elemente haben nämlich die Eigenschaft, sich chemisch aneinander zu binden und dadurch feste Teilchen zu bilden, wie etwa winzige Stäubchen von Ammoniak oder Eis. In diesen winzigen Staubteilchen, die das Weltall erfüllen, befinden sich gleichfalls ungezählte Kohlenstoffatome. Aber auch diese sind für das Leben verloren. Fern von allen Sternen schweben diese winzigen Staubteilchen in den Tiefen des Alls. Ihre Temperatur liegt nur wenige Grad über dem absoluten Nullpunkt, das heißt, sie beträgt etwa 270 Grad unter Null. Bei diesen Temperaturen ist die Bewegung der einzelnen Atome innerhalb des Staubteilchens so gering, daß sie eigentlich in völliger Starre verharren. Die Bildung der Lebenssubstanz und der Wechsel ihrer Struktur, die für das Leben typisch sind, sind bei so niedrigen Temperaturen völlig ausgeschlossen.

Wenn wir uns die Materie des Weltalls in dieser Weise ansehen, dann müssen wir den Schluß ziehen, daß das Universum in seinem Wesen sehr lebensfeindlich ist. Zunächst einmal war die Natur keineswegs darauf bedacht, die unerläßliche Lebenssubstanz, nämlich den Kohlenstoff, mit besonderer Häufigkeit zu erschaffen. Die relativ wenigen Atome des Kohlenstoffs – wenig im Vergleich zu den Atomen des Wasserstoffs und des Heliums – befinden sich außerdem noch in den extremsten Zuständen der Temperatur. Die Materie im Weltall ist entweder Millionen von Grad heiß, oder sie befindet sich im Zustand der tiefsten Kälte, die überhaupt möglich ist. Wenn wir die Dinge so betrachten, muß also das Leben im Universum eine ganz große Seltenheit sein. Wenn wir irgendein Kohlenstoffatom im Weltall wahllos herausgreifen, so ist die Chance, daß dieses Kohlenstoffatom Bestandteil der lebendigen Substanz ist, unvorstellbar klein. Diese seltene Eigenschaft trifft vielleicht nur auf ein

Carl-Friedrich von Weizsäcker, deutscher Physiker, der im Jahr 1943 eine Theorie über die Entstehung des Planetensystems entworfen hatte, die heute allgemein anerkannt ist.

32 m

Wasserstoff 70%

Kohlenstoff 1%
ca. 0,20 m

Kohlenstoffatom unter Trillionen, ja sogar unter Quadrillionen von gleichartigen Atomen zu.

Das Thermometer ist also das wichtigste Instrument, das wir zur Hand nehmen müssen, wenn wir Leben im Weltall suchen. Wir müssen nach den Stellen Ausschau halten, an denen sich die Materie in Temperaturbereichen befindet, die nicht so extrem heiß und nicht so extrem kalt

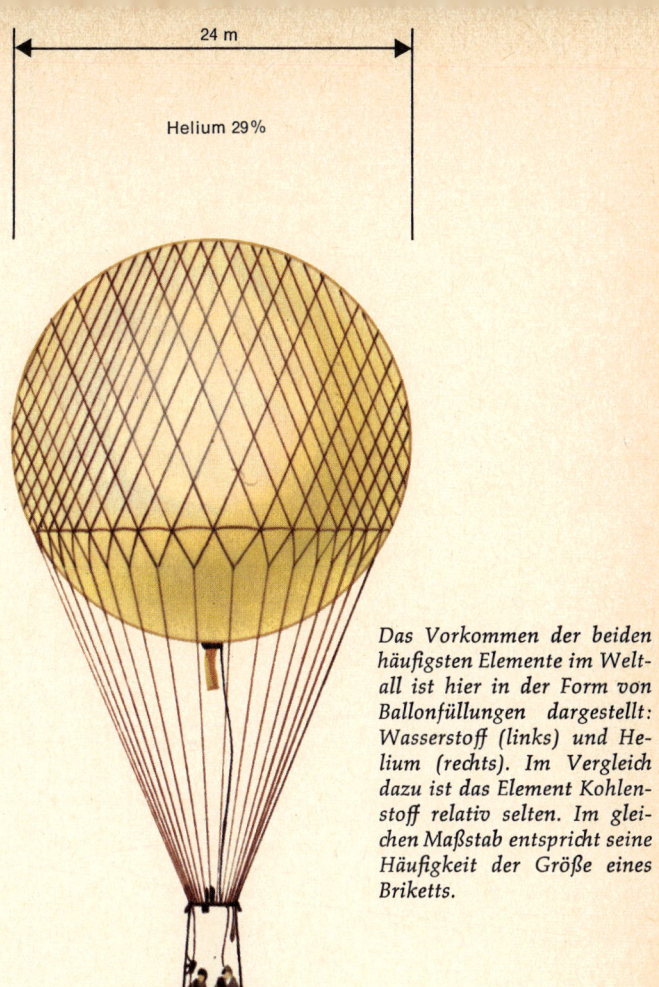

Helium 29%

24 m

Das Vorkommen der beiden häufigsten Elemente im Weltall ist hier in der Form von Ballonfüllungen dargestellt: Wasserstoff (links) und Helium (rechts). Im Vergleich dazu ist das Element Kohlenstoff relativ selten. Im gleichen Maßstab entspricht seine Häufigkeit der Größe eines Briketts.

sind, wie fast der gesamte Stoff im Kosmos. Es gibt nur eine einzige Art von Himmelskörpern, bei denen die Bedingungen einer milden Temperatur – und dort auch nur auf ihren Oberflächen – erfüllt sind. Das sind die Planeten und ihre Monde. Diese Himmelskörper zweiten und dritten Grades nämlich umkreisen ihre zentralen Sonnen in permanenten Bahnen, so daß sie sich immerzu im Strahlungsbereich eines der ge-

waltigen Fixsterne aufhalten. Ein fein ausgewogenes Zusammenspiel zweier Naturkräfte sorgt dafür, daß so etwas überhaupt möglich ist. Ein Planet, der eine Sonne umkreist, ist durch die Schwerkraft an sie gebunden. Andererseits jedoch wirkt die Zentrifugalkraft seiner Umlaufbewegung dahin, daß der Planet dieser ständig wirkenden Anziehungskraft der zentralen Sonne widerstehen kann. Genauso wie ein künstlicher Satellit die Erde antriebslos immerzu umkreist, so ist auch ein Planet in seiner Bahn um die Sonne, wenn sie einmal zustande gekommen ist, für lange Zeit verankert. Dieses Bewegungsspiel des Planetenlaufes kann – wenn es einmal begonnen hat – für viele Milliarden von Jahren andauern.

Das heißt allerdings nicht, daß jeder Planet, der eine Sonne umkreist, auch automatisch immer eine milde Temperatur auf seiner Oberfläche besitzt. So gibt es bestimmt viele Planeten, die ihre Sonnen in sehr geringem Abstand umkreisen. Sie werden dann dauernd von einer so gewaltigen Strahlungsflut überschüttet, daß ihre Oberflächen Hunderte, ja sogar Tausende von Grad heiß sein können. Umgekehrt reichen die Kräfte der Gravitation so weit in den Raum hinaus, daß die Bahn eines Planeten einen riesigen Durchmesser haben kann. Die Sonne, die er umkreist, ist dann an seinem Himmel lediglich ein heller Stern, der ihn mit seiner Strahlung nur sehr wenig wärmen kann. Die Oberfläche eines solchen weit entfernten Planeten muß daher sehr kalt sein – hundert oder zweihundert Grad unter Null.

Diese Temperaturangaben können wir sofort benutzen, um uns damit die Chancen des Lebens auf den verschiedenen Planeten vor Augen zu führen. Ein sonnennaher Planet ist viel zu heiß, als daß er Leben tragen könnte. Auf einem sonnenfernen Planeten ist es viel zu kalt, so daß auch er immer unbelebt bleiben muß. Nur ein Planet, der sich gerade im richtigen Abstand von seiner Sonne befindet, hat die Chance, daß sich auf ihm Leben entwickelt und daß es auf ihm auch gedeiht. Um jeden Fixstern herum gibt es daher eine relativ schmale Zone, die für das Leben auf einem Planeten günstig ist.

Nach den Gesetzen der Himmelsmechanik ist die Bahn eines Planeten um seine Sonne eine Ellipse. Diese mathematischen Kurven können sehr verschieden geformt sein. Sie können eine Form haben, die man mit dem bloßen Auge von einem Kreis nicht unterscheiden kann; andere Ellipsen wiederum können sehr langgestreckt sein (siehe Bild Seite 71). Ein Pla-

Seite 68/69
Vier Phasen der Entstehung unseres Planetensystems nach den Vorstellungen von Weizsäckers (von links oben im Uhrzeigersinn zu lesen). Aus einer urtümlichen Wasserstoffwolke verdichtete sich die Sonne; das Gebilde verflachte sich zu einer Scheibe, in dem typische Wirbelsysteme entstanden. Aus diesen verdichteten sich die Planeten.

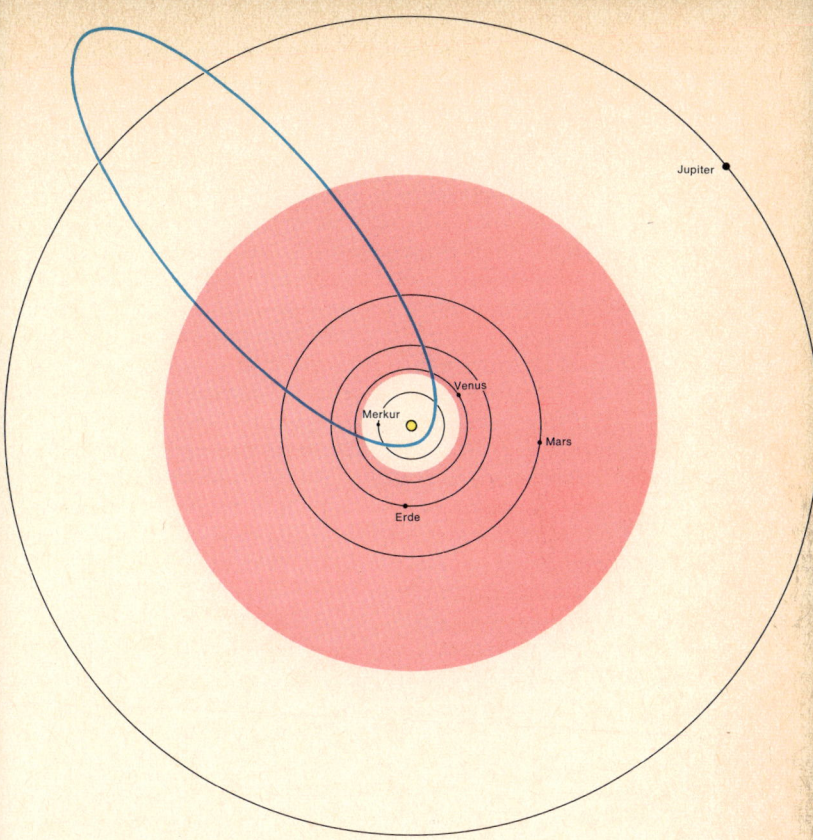

*Darstellung der Planetenbahnen bis einschließlich des Planeten Jupiter. Die violette Zone kennzeichnet den Bereich, in dem die Sonnenstrahlung Temperaturen
schafft, die Leben ermöglichen. Nur drei Planeten (Venus, Erde und Mars) liegen
in diesem Bereich. Die blaue Ellipse kennzeichnet eine typische Kometenbahn,
welche die mögliche Zone des Lebens durchkreuzt.*

net, der sich in einer solchen langgestreckten Ellipse um seine Sonne bewegt, ist ebenfalls kein aussichtsreicher Kandidat, Leben zu beherbergen. Während des Umlaufs um seine Sonne nämlich hält er sich dann
sehr lange Zeit längs jener Teile seiner Bahn auf, die von der zentralen Sonne sehr weit entfernt sind. Während dieser langen Zeit also wird
der Planet von seiner Sonne nur so schwach angestrahlt, daß die Temperatur an seiner Oberfläche sehr stark absinkt. Dann – auf der anderen Seite – wenn er dem Ellipsenbogen seiner Bahn in Sonnennähe ent-

langfährt, wird er für kurze Zeit überhitzt. Ein solcher Planet erlebt daher im Verlaufe eines Jahres so starke Temperaturschwankungen, daß sie ein Leben auf ihm unmöglich machen. Wenn also ein Planet die Aussicht haben soll, jemals Leben zu tragen, so muß er eine Bahn um seine Sonne gerade in der richtigen Entfernung beschreiben. Außerdem muß diese Bahn einem Kreise möglichst nahe kommen. Mit diesen Bedingungen haben wir Lage und Form der Bahn unserer eigenen Erde um unsere Sonne beschrieben. Darüber brauchen wir uns nicht zu wundern; denn wir wissen ja, daß unsere Erde Leben trägt. Diese Überlegungen machen uns klar, daß unsere Erde ein recht ausgefallenes Exemplar unter den Planeten sein muß, da sie alle diese Bedingungen, die wir eben beschrieben haben, in geradezu idealer Weise erfüllt.

Freilich hätte sich das Leben auf der Erde trotz der milden Temperatur, die auf ihrer Oberfläche herrscht, niemals entwickelt, wenn es auf ihr nicht auch Kohlenstoff gäbe. Wie ist es überhaupt dazu gekommen, daß sich auf unserer Erde jene beiden Bedingungen verwirklicht haben, ohne die das Leben keine Chance hat: die Ansammlung des doch recht seltenen Kohlenstoffs in ausreichendem Maße bei einer mäßigen Temperatur? Mit dieser Überlegung sind wir nun der Frage, ob es auch noch an anderen Orten im Weltall Leben gibt, schon recht nahe gekommen. Wir haben ja gesehen, daß der Kohlenstoff im Weltall nur einen winzigen Bruchteil der Materie überhaupt darstellt; auch haben wir uns davon überzeugt, daß die Temperaturverhältnisse, unter denen die Materie im Kosmos existiert, lebensfeindlich sind. Ist die Erscheinung eines Planeten wie unsere Erde eine ganz seltene Ausnahme, oder können wir damit rechnen, daß es noch viele andere erdähnliche Planeten gibt? Das offenbar ist die Frage, die es jetzt zu untersuchen gilt. Wir müssen versuchen abzuschätzen, ob sich die Bühne des Lebens vielleicht auch noch an anderen Orten im Universum bereitet hat.

Offensichtlich müssen wir danach fragen, wie unser Planetensystem und damit auch unsere Erde entstanden sind. Dadurch nämlich gewinnen wir Einsicht, ob sich eine solche Entwicklung auch noch an anderen Orten im Weltall ereignet haben könnte. Die erste wissenschaftlich ernst zu nehmende Überlegung dazu stammt von dem deutschen Philosophen Immanuel Kant, der sich mit seinem Werk über die Naturgeschichte des Himmels auch als Astronom einen Namen gemacht hat. Der von ihm stammende Entwurf wurde später von dem französischen Mathematiker Laplace noch weiter ausgebaut. Daher spricht man heute noch von der Kant-Lapleceschen Theorie. Beide haben richtig erkannt, daß die Gravitation – die Kraft, mit der sich die Massen im Weltall gegenseitig anziehen – den Motor bei der Bildung der Sterne darstellt. Davon hatten wir zuvor schon gesprochen. Ein Stern entsteht, indem sich eine riesige urtümliche Gaswolke zusammenzieht. Bei einem solchen Bildungsvorgang nun hätten sich nach Kant und Laplace kleinere Massen in der

Links: Der deutsche Philosoph Immanuel Kant. Rechts: der französische Mathematiker Pierre Simon Laplace. Die Kant-Laplacesche Theorie über die Entstehung des Planetensystems wird heute nach entscheidenden Verbesserungen durch Weizsäcker für richtig gehalten. Demnach gibt es ungezählte Planetensysteme in den Tiefen des Alls.

Umgebung der entstehenden Sonne als selbständige Körper verdichtet, die dann zu Planeten wurden und die Sonne seitdem umkreisen.

Schon in der Mitte des vorigen Jahrhunderts jedoch haben die Physiker einen ganz entscheidenden Denkfehler, der in dieser Theorie steckte, ans Licht gebracht. Wenn nämlich die Sonne und die Planeten auf diese Weise entstanden wären, dann hätte sich nur ein Bruchteil der ursprünglichen Gesamtmasse in den Planeten verdichtet. Die Masse aller Planeten zusammengenommen beträgt nämlich nur etwa ein Tausendstel der Sonnenmasse. Nun laufen die Planeten relativ schnell um die Sonne. Eine ähnlich große Drehgeschwindigkeit mußte demnach auch ein großer Teil der Sonnenmasse gehabt haben. Nach der Bildung der Planeten hat sich dann der größte Teil dieser schnell rotierenden Masse zur Sonne verdichtet, denn nur ein Tausendstel blieb ja in Form der Planetenkörper zurück. Es gibt nun ein ganz fundamentales Gesetz der Physik, daß eine Rotationsbewegung nicht verlorengehen kann. Ja, es ist sogar so, daß die Drehgeschwindigkeit eines Körpers immer größer wird, je mehr er sich zusammenzieht. Das können wir bei jedem Eiskunstläufer beobachten, wenn er eine Pirouette dreht. Er kann seine Drehgeschwindigkeit sehr stark erhöhen, indem er seine Arme eng an den Körper zieht. Dieses Gesetz kann man benutzen, um die Rotationsgeschwindigkeit der Sonne zu berechnen, falls die Entwicklung des Planetensystems nach den Vorstellungen von Kant und Laplace vor sich gegangen wäre. Danach müßte die Sonne heute eine Drehgeschwindigkeit besitzen, die um ein Vielfaches größer ist als diejenige, die wir beobachten. Die Sonne dreht sich nämlich nur recht langsam um ihre eigene Achse: etwa nur einmal im Monat. Das Planetensystem kann also auf diese Weise nicht entstanden sein. Dieser Einwand war so schwerwiegend, daß man die Theorie von Kant und Laplace aufgeben mußte.

Eine Zeitlang waren die Astronomen ziemlich ratlos, bis der englische Astronom James Jeans mit einer neuen Idee aufwartete. Danach soll unser Planetensystem seine Existenz einem überaus seltenen Zufall verdanken. Vor Milliarden von Jahren sei ein fremder Stern ganz nahe an der Sonne vorbeigezogen. Die gegenseitige Anziehungskraft, welche die riesigen Sternleiber aufeinander ausübten, hätte zu einer gewaltigen Flutwelle geführt, die einen breiten Strom von Gasen aus der Sonne herauszog. Dieser Gaskörper habe sich dann zu den Planeten verdichtet, die heute noch die Sonne umkreisen, längs jener Ebene, in der der fremde Stern an der Sonne vorbeizog. Diese Theorie hatten sich die Astronomen für lange Zeit verschrieben. Auch hatten sie berechnet, wie oft es wohl in der Geschichte unserer Milchstraße vorgekommen sei, daß sich zwei Sterne so nahe begegneten. Nun sind die Milchstraßenräume, gemessen an der Größe der Sterne, nahezu leer. Die Abstände zwischen ihnen sind so riesengroß, daß die Aussicht eines solchen nahen Vorüberganges zweier Sterne auch während eines Zeitraumes von Milliarden von Jahren sehr gering ist. Wenn unser Planetensystem seine Existenz einem so unwahrscheinlichen Zufall verdankte, dann wäre es in den Tiefen des Alls eine große Seltenheit. Vermutlich gäbe es dann nur zwei Planetensysteme: Unser eigenes und jenes zweite, das zu dem Stern gehört, der unsere eigene Sonne einst gestreift hat.

Überlegungen dieser Art waren es, welche die Astronomen noch vor dreißig oder vierzig Jahren für die Chancen des Lebens im Universum sehr pessimistisch stimmten. Der bekannte englische Astronom Sir Arthur Eddington hat sogar einmal gesagt, daß die Existenz des Lebens und der irdischen Menschheit eigentlich eine Art von Versehen der Na-

Nach den Vorstellungen, die der englische Astronom Sir James Jeans vor einigen Jahrzehnten entwarf, entstand das Planetensystem als Folge eines nahen Vorüberganges eines fremden Sternes an der Sonne. Die Anziehungskraft der gewaltigen Sternmassen führte dazu, daß Gasschwaden aus ihren Körpern herausgezogen wurden, die sich dann zu den Planeten verdichteten.

tur sei. In seinen Augen hat die Natur es versäumt, das Weltall in all seinen Teilen steril zu halten.

Alle diese Vorstellungen haben sich von Grund auf gewandelt, als im Jahre 1943 der deutsche Physiker Carl-Friedrich von Weizsäcker mit einer entscheidenden Idee jenes Hindernis beseitigte, das die alte Theorie von Kant und Laplace zu Fall gebracht hatte. Weizsäcker hat sich nicht damit zufriedengegeben, daß man einfach sagte, die Gasmassen, die einst zur Bildung der Sonne führten, hätten sich zu einer Kugel zusammengezogen. Er hat sich Gedanken gemacht, was sich bei einem solchen Kontraktionsprozeß wohl ereignet haben könnte. Nach dem Gesetz von der Erhaltung der Drehbewegung mußte sich die kontrahierende

Unsere Sonne benötigt zu einer Achsendrehung fast einen Monat, wie man an der langsamen Verschiebung der Sonnenflecke ablesen kann. Die beiden Bilder wurden im Juli 1968 im Abstand von drei Tagen aufgenommen.

Gasmasse immer schneller drehen. Dadurch hat sich die ursprüngliche Sonnenatmosphäre zu einer dünnen Scheibe abgeflacht, die bis an die Grenzen des heutigen Planetensystems reichte. Im Innern einer solchen rotierenden Gasscheibe nun bilden sich Wirbel aus. Diese Wirbel bestanden in der Hauptsache aus Wasserstoffgas. Andererseits aber waren die Massen kalt genug, daß sich die schweren chemischen Elemente kondensieren konnten. Sie bildeten einen riesigen Schwamm von kleinen festen Brocken, die aus Verbindungen des Sauerstoffs, des Kohlenstoffs, des Stickstoffs, des Siliziums, des Eisens und vieler anderer Stoffe bestanden. Diese Wirbel bildeten ein relativ regelmäßiges System, so daß sich die festen Brocken zu den Planeten verdichten konnten. Gleichzeitig aber auch hat das Wirbelsystem dazu geführt, daß der größte Teil der Masse, die diese flache Scheibe einst bildete, in den Weltraum entweichen konnte. Das waren in der Hauptsache die gasförmigen Bestandteile, nämlich der Wasserstoff. Seine Gesamtmasse in der Scheibe war etwa hundertmal größer als alle festen Brocken der schweren Elemente zusammengenommen. Das ist der Grund, weshalb die Planeten alle zusammen nur ein Tausendstel der Sonnenmasse ausmachen.

Mit dieser Überlegung konnte Weizsäcker zwei bedeutende Erscheinungen mit einem Schlage klären. Der Wasserstoff, der in den Weltraum entwich, hat dabei die gesamte überschüssige Drehbewegung mitgenommen, so daß in den letzten Phasen der Sonnenentstehung fast kein Material mehr auf sie gesunken ist. Dadurch können wir verstehen, weshalb sich die Sonne heute so langsam dreht. Zum zweiten wird jetzt auch verständlich, wieso die Planeten zu einem überwiegenden Teil aus den schwereren Elementen aufgebaut sind, während die Sonne selbst zu 99 Prozent aus den leichten Gasen Wasserstoff und Helium besteht. Es werden also zwei wichtige Erscheinungen so verblüffend einfach erklärt, daß wir heute ziemlich sicher sein können, daß die Planeten in der Tat auf eine solche Weise entstanden sind.

Diese Ansicht über die Entstehung des Planetensystems wird noch durch eine weitere Beobachtung entscheidend gestützt. Die moderne Wissenschaft verfügt über Mittel und Wege, das Alter der Erde und der Sonne zu bestimmen. Dabei hat sich herausgestellt, daß sie etwa gleich alt sind. Sie müssen also ziemlich zur gleichen Zeit, so etwa vor fünf bis sechs Milliarden Jahren, entstanden sein.

Für die Frage nach der Möglichkeit des Lebens im Weltall eröffnen sich nun völlig neue und spannende Perspektiven. Wie wir gesehen haben, ist es durchaus möglich, daß ein Plantensystem wie das unsrige ohne jeden äußeren Einfluß entstehen kann. Ja, es ist sogar so, daß jene Prozesse, die einst zur Entwicklung unserer Erde und ihrer Schwesternwelten geführt haben, eher die Regel als die Ausnahme sind. Zumindest müssen wir von jedem anderen Stern, welcher der Sonne an Größe gleicht, einen ähnlichen Entwicklungsgang vermuten. Auch bei ihm wird sich während einer bestimmten Phase seiner Entwicklung jene flache Scheibe gebildet haben, in der sich die schweren Elemente zu Planeten kondensieren konnten. Wir dürfen heute daher mit Fug und Recht annehmen, daß es in den Tiefen des Weltalls ungezählte Planetensysteme gibt.

In diesem Kapitel wollten wir ja betrachten, wie sich die Bühne des Lebens im Universum bereitgestellt hat. Dabei konnten wir – wenn wir das Weltall als Ganzes betrachten – dem Leben nur eine sehr geringe Chance einräumen. Als Substanz benötigt es ja den Kohlenstoff, der nur einen Bruchteil der Gesamtmasse im Weltall ausmacht. Sodann benötigt das Leben eine milde Temperatur, so wie sie nur auf der Oberfläche von

Planeten, die sich im richtigen Abstand von ihrer Sonne befinden, herrscht. Auf den ersten Blick sah es so aus, als ob diese Bedingungen sich im Universum nur sehr selten erfüllen ließen. Nachdem wir jetzt aber die Prozesse kennen, nach denen sich wohl unzählige Planeten im Weltall gebildet haben, sieht es völlig anders aus. Bei vielen Sternen gibt es wohl eine Phase in ihrer Entwicklung, bei der die seltenen schweren Elemente in ihrer Uratmosphäre bei der Formung von Planeten ausgesiebt werden. Die chemischen Eigenschaften des Stoffes der Schöpfung sorgen dafür, daß die schweren Elemente aneinanderhaften; fast automatisch finden sie zueinander. Gleichzeitig aber nehmen diese kostbaren Ansammlungen der seltenen schweren Elemente Planetenform an. Immer auch ist eine Sonne in ihrer Nähe, ohne die sie selbst nicht hätten entstehen können. Auch die Entfernung von der jeweiligen Sonne hat in vielen Fällen bestimmt das rechte Maß, so daß ihre Strahlung auf den Oberflächen dieser Planeten für eine milde Temperatur sorgen kann.

Was uns vordem als so unwahrscheinlich erscheinen mußte, zeigt sich jetzt als eine notwendige Folge kosmischer Entwicklung. Diese seltenen Stoffe werden gesammelt und auf die richtige Temperatur gebracht.

Unter diesen Stoffen befindet sich auch der Kohlenstoff, das Element des Lebens.

In unserer Milchstraße allein befinden sich etwa 200 Milliarden Sonnen, die unserer eigenen Sonne an Größe und Leuchtkraft gleichen. Viele von ihnen werden, ebenso wie unsere Sonne, bei ihrer Entstehung auch mit einem Schwarm von Planeten ausgestattet worden sein. Sodann ist unsere Milchstraße nur eine unter Milliarden von anderen. Als sich auf unserer Erde einst die Bühne des Lebens bereitete, wird sich das gleiche auch an ungezählten anderen Orten im Weltall ereignet haben.

Wir müssen nun zusehen, wie die Schöpfung auf unserer eigenen Erde diese Chance für das Leben genutzt hat, um es zu jener Blüte zu bringen, die wir heute beobachten. Wenn es uns gelingt, diese gewaltigen Vorgänge begreiflich zu machen, dann können wir auch abschätzen, ob das Leben vielleicht doch keine ausgefallene Seltenheit, sondern eine universale Erscheinung ist.

Der Planet des Lebens

Kapitel 5

Zusammen mit den anderen acht Planeten bildet unsere Erde das Planetensystem, das unsere Sonne auf ihrer gewaltigen Reise durch die Milchstraßenräume begleitet. Wir haben zuvor jene großartige Entwicklung näher beschrieben, die sich während des Lebenslaufes eines Sternes, wie etwa unserer Sonne, ereignet. Dabei sind wir zu dem hochinteressanten Schluß gekommen, daß die Erscheinung eines Planetensystems mit allergrößter Wahrscheinlichkeit keine Seltenheit in den Tiefen des Alls darstellt. Wir können heute überzeugt sein, daß es in den Milchstraßenräumen noch ungezählte andere Planeten gibt, die ähnlich wie unsere Erde wärmende Sonnen umkreisen.

Wir müssen uns darüber im klaren sein, daß wir dessen nicht absolut sicher sein können. Von der Erde aus ist es nämlich nicht möglich, so winzige Körper wie die Planeten bei anderen Sonnen im Weltall zu beobachten. Selbst mit den fortgeschrittenen Mitteln der Weltraumfahrt kann man auch heute keine Methode ersinnen, mit der man die Anwesenheit von erdähnlichen Planeten bei anderen Sternen jemals wird nachweisen können. Dazu sind die Entfernungen, die zwischen den einzelnen Sternen klaffen, einfach viel zu groß.

Denken wir uns einmal einen Planeten, der einen Fixstern − wie etwa den Sirius − in einer der Erde vergleichbaren Entfernung umkreist. Dieser Stern ist 8,8 Lichtjahre von uns entfernt, damit ist ausgedrückt, daß selbst das Licht mit einer Geschwindigkeit von 300 000 Kilometern pro Sekunde fast neun Jahre benötigt, um diesen riesigen Abstand zu überbrücken. Der Durchmesser der Erdbahn um unsere Sonne beträgt zwar immerhin 300 Millionen Kilometer. Das ist eine für uns unvorstellbar große Strecke. Aber selbst diese gewaltige Dimension der Erdbahn wirkt − gesehen über eine Entfernung von fast neun Lichtjahren − winzig klein. Die Erdbahn würde uns nur ebenso groß erscheinen wie ein Groschen, den wir aus einer Entfernung von 60 Kilometern betrachten. Jeder wird sofort einsehen, daß es unmöglich ist, ein winzig kleines Planetchen am Rande dieses Groschens über diese Entfernung nachwei-

«Ein blauer Aquamarin auf schwarzem Samt» − so erschien der Planet des Lebens, unsere Erde, den Astronauten. Auf ihrem Rückflug vom Mond fotografierte die Besatzung des Raumschiffs Apollo 11 unseren blauen Planeten aus einer Entfernung von etwa 20 000 Kilometern.

sen zu wollen, wobei gleichzeitig im Zentrum des Groschens noch eine gewaltige helle Lichtquelle steht, die alles in ihrer Umgebung weit überstrahlt. Dabei müssen wir nämlich bedenken, daß ein solcher Planet zudem noch viele millionenmal lichtschwächer wäre als sein Zentralgestirn. Man darf getrost sagen, daß man von der Erde aus – ja selbst mit modernen Beobachtungstechniken aus dem Weltall – erdähnliche Planeten fremder Sonnen wohl kaum wird nachweisen können.

Jetzt sehen wir auch, wie wichtig es war, daß wir uns über jene Vorgänge, die einst zur Bildung unseres Planetensystems und damit unserer eigenen Erde geführt haben, Gedanken machten. Es ist nämlich der einzige Weg, der uns bei der Frage nach der Existenz anderer Planeten im Weltall zum Ziele führen kann. Freilich hat diese einzige Methode auch den Nachteil, daß wir uns nie vollständig sicher sein können. Indessen haben wir doch wohl schon ausreichende Kenntnis über die Entwicklungsgeschichte der Gestirne, daß der eine Schluß geradezu zwingend ist: Unser Planetensystem wird wohl bestimmt nicht das einzige sein – im Gegenteil – es wird Millionen und aber Millionen von ihnen an anderen Orten im Weltall geben.

Dieser Schluß, den wir heute mit Vertrauen ziehen dürfen, ist eigentlich recht ermutigend. Das Weltall als Ganzes ist nämlich, wie wir gesehen haben, sehr lebensfeindlich. So ist der Stoff des Lebens, der Kohlenstoff, keineswegs besonders häufig; auch sind die überaus hochgespannten Ansprüche der Lebenssubstanz an eine milde Temperatur im Weltall nur an ganz wenigen Stellen verwirklicht. Mit unseren bisherigen Überlegungen sind wir dahin gekommen, daß aus diesen Gründen Leben nur auf der Oberfläche von Planeten existieren kann. Allerdings ist mit der Entstehung eines Planeten erst nur einmal die Bühne bereitet, auf der das Leben dann entstehen und sich entfalten kann. Wir haben bisher also nur die allerersten Kapitel des Lebens im Weltall kennengelernt. Bis es dann schließlich zur Entstehung und Entfaltung des Lebens kommen konnte, ist noch eine lange Geschichte. Uns steht nur ein Beispiel zur Verfügung, diese Geschichte näher zu verfolgen – nämlich unsere eigene Erde. Wenn wir uns also einen Überblick verschaffen wollen über das, was noch alles dazugehört, das Leben zur Blüte zu bringen, müssen wir uns die Entwicklungsgeschichte der Erde – des Planeten des Lebens – näher ansehen.

Gleichzeitig werden wir auch betrachten, wie wohl die anderen Planeten, die Geschwister der Erde, beschaffen sind. Das wird für uns sehr aufschlußreich sein, denn wir könnten jetzt schon vorwegnehmen, daß vermutlich nicht ein einziger der übrigen Planeten in unserem Sonnensystem Leben in seiner ganzen bunten Fülle trägt, wie wir es von der Erde her kennen. Gewiß, einige Wissenschaftler hegen bestimmte Vorstellungen, ob die fremden Planeten vielleicht doch andersartige – wenn auch nur primitive – Lebensformen aufweisen. Es ist jedoch sicher, daß wir nach intelligenten Brüdern in unserem eigenen Sonnensystem vergeblich Ausschau halten würden. Bei der Entstehungsgeschichte unserer Erde und ihrer Geschwister wollen wir daher vor allem auf jene Entwicklungen achten, die zu einer belebten Erde geführt haben.

Wie waren die Dinge nun wohl beschaffen zu jener Zeit vor fünf bis sechs Milliarden Jahren, als die Sonne selbst erst im Entstehen war? Im Zentrum hatte sich schon ein gewaltiger Gasball gebildet, der eine riesenhaft ausgedehnte Atmosphäre in Form einer flachen Scheibe besaß. Die junge Sonne war noch wesentlich größer, als sie heute ist, da sich die Massen noch nicht so dicht zusammengezogen hatten. Auch war ihre Strahlung noch sehr schwach. Sie leuchtete vermutlich in einem dunkelroten Licht. In ihrem Kern waren Druck und Temperatur noch nicht hoch genug angestiegen, um jene Reaktionen zwischen den Wasserstoffkernen in Gang zu bringen, welche die Quelle der Sternstrahlung bilden. Diese sogenannten «thermonuklearen» Prozesse werden erst bei einer Temperatur von etwa 20 Millionen Grad so häufig, daß sie ausreichend strahlende Energie abgeben und den Stern richtig zum Leuchten bringen.

In dieser riesigen Scheibe, die in der Hauptsache aus Wasserstoff und Helium und zu einem kleinen Teil auch aus den schwereren Elementen bestand, war es daher noch ziemlich kalt. So kam es, daß sich die einzelnen Elemente chemisch miteinander verbinden konnten. Bei ihrem unablässigen wirbeligen Weg um die Sonne stießen die Staub- und Gasteilchen immer wieder zusammen; diese blieben aneinander haften und bildeten immer größere Brocken. Diese Brockenschwärme, immer noch durchmischt mit dem überschüssigen Wasserstoff und Helium, organisierten sich dann zu einem Wirbelsystem, dessen Regelmäßigkeit sich heute noch in den fast gesetzmäßigen Abständen der Planetenbahnen von der Sonne widerspiegelt.

Wir können hier viele Einzelheiten übergehen; worauf es ankommt, ist die Tatsache, daß sich in diesen Schwärmen von Brocken und Gas lokale Verdichtungen bildeten, die immer mehr Material an sich zogen. Das waren die Urplaneten. Als diese immer schneller wuchsen, kam es schließlich dazu, daß weitere zusätzliche Brocken immer stärker angezogen wurden und mit immer größerer Wucht auf die stets wachsenden Planetenkörper stürzten. Dadurch haben sie sich erhitzt, und die Urplaneten waren während dieser Phase ihrer Entwicklung alle recht heiß.

Nun ist ja das Leben auf der Erde, das damals noch in ferner Zukunft lag, unser Thema. Wie wir gesehen haben, können wir das Leben nur von seiner Chemie her betrachten, wenn wir sein Wesen und seine Entstehung verstehen wollen. Aus diesem Grunde wollen wir schon an dieser Stelle der Entwicklung nach der Chemie der Planeten fragen. Die Brocken, welche die Planeten bildeten, bestanden in der Hauptsache aus den schwereren Elementen, die nach Wasserstoff und Helium am häufigsten sind; diese fanden sich zu bestimmten typischen chemischen Ver-

bindungen zusammen. Dazu zählten die Verbindungen des Siliziums mit dem Sauerstoff, des Aluminiums mit dem Sauerstoff, des Eisens und des Magnesiums mit dem Silizium und viele andere mehr. Diese festen Stoffe bildeten die Planetenkörper, die sich durch den Aufsturz stark erhitzten. Dabei wurden ihre Oberflächen glutflüssig; zum Teil verdampften sie auch. Die Planetenkörper zogen sich auch immer weiter zusammen, wodurch sie sich noch stärker aufheizten. Schließlich bestand ihr

Als die Masse der Erde sich vor mehr als vier Milliarden Jahren zusammenfügte, war sie bis zu ihrer Oberfläche glutflüssig. Damals schon schichtete sich ihr Inneres in den Erdkern, den Erdmantel und die Erdkruste. In dem Material befand sich ausreichend Kohlenstoff, der später die Basis der Lebenssubstanz bildete.

Inneres – und das gilt zumindest für die erdähnlichen Planeten – aus einer zähflüssigen heißen Masse. Die Beweglichkeit dieses Materials war allerdings noch so groß, daß sich im Verlaufe der Jahrmillionen die verschiedenen Stoffe abschieden. Die häufigen schwereren Metalle wie Eisen und Nickel sanken in den Kern, und das leichtere Material, zumeist die Silikate – wenn auch vermischt mit Metallen – bildeten den Mantel und die Kruste der jungen Planeten. Zumindest auf der Erde war es so.

Verweilen wir nun bei der Erde, und zwar bei ihrer Atmosphäre. Dort sammelten sich natürlich während aller Phasen ihrer Entwicklung immer die leichtesten Stoffe, die auch bei niedrigen Temperaturen gasförmig waren. Als die Erde dann allerdings immer heißer wurde und ihre Oberfläche glutflüssig war, ist diese allererste Atmosphäre, die Uratmosphäre, wieder in den Weltraum verdampft. Erst nachdem die Erdoberfläche sich etwas abgekühlt hatte, sammelte sich eine neue Atmosphäre aus dem Weltall. Hier können wir sogar ziemlich genaue Angaben machen, aus welchen chemischen Substanzen diese zweite Atmosphäre bestand. Ihre Zusammensetzung können wir nämlich aus der Chemie des Urgases direkt ableiten. Zu den häufigsten schwereren Elementen zählen auch heute noch überall im Weltall der Stickstoff, der Sauerstoff und auch der Kohlenstoff. Diese waren vermischt mit einem sehr großen Überschuß von Wasserstoff und Helium. Das Helium brauchen wir hier nicht weiter zu berücksichtigen, da es ein sogenanntes Edelgas ist. Darunter versteht der Chemiker gasförmige Stoffe, die sich mit keinem anderen chemischen Element verbinden. Der Wasserstoff dagegen ist ein sehr reaktionsfreudiges Element. Aus diesem Grunde hat jedes Atom des Kohlenstoffs, des Stickstoffs und des Sauerstoffs übergenug Wasserstoffatome vorgefunden, um sich damit zu sättigen. Daraus entstanden dann drei typische Verbindungen: jedes Kohlenstoffatom verband sich mit vier Wasserstoffatomen und bildete Methan (CH_4); jedes Stickstoffatom verband sich mit drei Wasserstoffatomen und bildete Ammoniak (NH_3); jedes Sauerstoffatom verband sich mit zwei Wasserstoffatomen und bildete Wasser (H_2O). Daß dies so sein mußte, kann man unmittelbar aus der chemischen Wertigkeit der Atome des Kohlenstoffs, des Stickstoffs und des Sauerstoffs ableiten. Darüber hatten wir im zweiten Kapitel ja ausführlich gesprochen. Die Atmosphäre hat sich ferner noch mit diesen drei Gasen sehr stark angereichert, da diese auch als Dämpfe den Vulkanen und Lavamassen entwichen, die es auf der damals recht heißen Erdoberfläche in großer Zahl gegeben haben muß. Unser Planet war also noch recht wüst und leer, stellenweise glühend heiß und von einer dichten Atmosphäre giftiger Gase eingehüllt.

Es waren im wesentlichen die Kräfte der Chemie, welche unsere Erde zu ihrer ersten Form zusammengefügt haben: Über einem Eisen-Nickel-Kern lagen ein Mantel und eine Kruste aus Silikaten und Metalloxyden, darüber die gasförmigen Bestandteile der Atmosphäre, Methan, Ammoniak und Wasserdampf. Der weitere Verlauf in der Entwicklungsgeschichte unserer Erde ist nun physikalischen Kräften zu verdanken. Das letzte Kapitel schließlich schrieb das Leben selbst.

Während der Hunderte von Millionen Jahren, welche diese Prozesse der Planetenentstehung beansprucht haben, ist auch die Sonne heißer geworden. In ihrem Kern hat sich die Temperatur bis auf die kritische Höhe von etwa 20 Millionen Grad gesteigert. In diesem tosenden Gemisch von Wasserstoffkernen fanden zahllose Verschmelzungsprozesse statt, so daß unvorstellbare Mengen von strahlender Energie aus dem überheißen Material herausgekocht wurden. Die Energie durchsetzte den ganzen Sonnenleib und entwich an ihrer Oberfläche in den Raum hinaus. In diesem Strahlungsgemisch befanden sich auch Anteile der sogenannten ultravioletten Strahlung. Darunter versteht man energische Strahlen, deren Wellenlänge zu kurz ist, als daß man sie noch sehen könnte. Sie liegen jenseits des violetten Endes des Regenbogenbandes, und danach hat man sie auch benannt. Diese Strahlenarten sind so energiereich, daß sie die chemischen Verbindungen in der Erdatmosphäre in ihre Bestandteile zerschlagen konnten. In jedem Fall wurde dabei Wasserstoff freigesetzt, der dann in den Weltenraum entwich. Übrigblieben Kohlenstoff-, Stickstoff- und Sauerstoffatome, nunmehr von ihren Wasserstoffanhängseln befreit. Wiederum nach den chemischen Gesetzen verbanden sich diese Atome untereinander. In erster Linie fügten je zwei Sauerstoffatome sich mit einem Kohlenstoffatom zusammen und bildeten Kohlendioxyd (CO_2); der Stickstoff, der chemisch recht träge ist, blieb allein und verband sich lediglich mit sich selbst. Er bildete zweiatomige Moleküle des Stickstoffs (N_2). Dieses Gas, in solcher Form, bildet heute noch 80 Prozent der Masse unserer Atmosphäre. Das also war bereits die dritte Atmosphäre in der Geschichte unserer Erde: in der Hauptsache ein Gemisch aus Stickstoff und Kohlendioxyd.

Gleichzeitig aber auch war die Erde inzwischen so kühl geworden, daß große Teile des Wasserdampfes als Regen niedergegangen waren und bereits die Anfänge des Urozeans gebildet hatten. Weitere gewaltige Wassermassen wurden im Laufe der langen Zeiten noch von den Vulkanen in Form von Dampf ausgestoßen, so daß sich das Wasser des Weltmeeres stetig vermehrte. Die Produktivität des Vulkanismus an Wasserdampf ist so groß, daß er fast die gesamten Wassermassen des Weltmeeres erzeugt hat. Dieser Zustand existierte vor etwa vier Milliarden Jahren. Noch immer trug die Erde kein Leben. Jetzt aber waren alle Voraussetzungen geschaffen, daß es entstehen konnte. Dieses wichtige Ereignis mit all seinen komplizierten Vorgängen wollen wir im nächsten Kapitel näher beleuchten. An dieser Stelle wollen wir die Entstehung des Lebens überspringen und uns nunmehr eine Erde vorstellen, auf der die ersten grünen Pflanzen in der Form von winzigen Algen bereits in großer Zahl das Weltmeer bevölkerten.

Seite 88/89
Als die Erde in ihrer Frühzeit im Laufe der Jahrmillionen schließlich erkaltete, muß es jahrtausendelang geregnet haben. Der Wasserdampf der Uratmosphäre schlug sich nieder und bildete das Weltmeer. Noch war die Erde wüst und leer, aber die Wiege des zukünftigen Lebens bildete sich bereits.

Wenn wir nämlich voraussetzen, daß wenigstens das pflanzliche Leben bereits vorhanden ist, können wir den letzten Abschnitt in der Entwicklungsgeschichte unserer Erde schildern. Pflanzen verdanken ihre Farbe dem sogenannten «Chlorophyll» oder Blattgrün. Dieses wichtige Molekül des Lebens ist imstande, der Luft die Kohlensäure zu entnehmen und im Beisein von Wasser die Energie des Sonnenlichtes für einen wichtigen chemischen Prozeß zu benutzen. Ein Kohlensäuremolekül der Luft wird dabei in seine einzelnen Atome zerlegt, wobei die Kohlenstoffatome von der Pflanze verwendet werden, um ihren Körper in der Form von komplexen Kohlenstoffverbindungen aufzubauen. Dieser Prozeß heißt daher auch «Photosynthese» – das heißt, Aufbau von Molekülen mit Hilfe von Licht. Ein sehr wichtiges Abfallprodukt dabei ist freier Sauerstoff, den die Pflanzen an die Atmosphäre abgeben.

Es ist fast unglaublich, wenn man sich vorstellen soll, daß in der langen Geschichte der Erde die Pflanzen fast das gesamte Kohlendioxyd, das die Erdatmosphäre bei ihrer Entstehung mitbekommen hat, bis auf einen geringen Rest weggeschafft haben. Neue Untersuchungen haben jedoch ergeben, daß dies tatsächlich der Fall gewesen sein muß. Der Prozeß der Photosynthese ist so wirkungsvoll und die Zahl der Pflanzenzellen, die schon seit Milliarden von Jahren am Werke sind, ist so riesengroß, daß dies in der Tat möglich war. Die Sauerstoffproduktion der

Pflanzen ist heute noch so gewaltig groß, daß sie den gesamten Sauerstoffvorrat der Luft unseres Planeten innerhalb von dreitausend Jahren jeweils neu erzeugt. Der Sauerstoffgehalt der Luft ist nämlich mit 20 Prozent immer gleichbleibend, obwohl auch dauernd Sauerstoff verbraucht wird, und zwar durch Oxydation der Erdkruste, durch Verwesungsvorgänge und auch zu einem ganz geringen Teil durch die Atmung der Tierwelt und der Menschheit. Im Laufe der Jahrmillionen hat sich hier ein ganz delikates, dynamisches Gleichgewicht eingestellt. Mit seiner chemischen Wirksamkeit sitzt das Leben am Angelpunkt dieser Waage.

Die Entstehung des Weltmeeres auf unserer Erde setzt natürlich eine milde Temperatur auf ihrer Oberfläche voraus, welche die Erde schon seit langem gehabt hat. Das kommt daher, weil die Erde gerade den richtigen Abstand von der Sonne besitzt. Wäre sie der Sonne sehr viel näher, so würde das Wasser verdunsten und als eine riesige dichte Wolkendecke von Wasserdampf am Himmel hängen. Umgekehrt, wäre die Erde weiter von der Sonne entfernt, würde das Wasser erstarren, und die Erde wäre in einen dichten, leblosen Eispanzer gehüllt. In einer Entfernung von 150 Millionen Kilometern von der Sonne jedoch kann das Wasser auf der Oberfläche der Erde flüssig sein. Das Weltmeer selbst trägt nun auch noch seinen wichtigen Teil dazu bei, um die Temperatur auf der ganzen Erde recht gleichförmig zu halten. Wasser besitzt nämlich eine sehr gro-

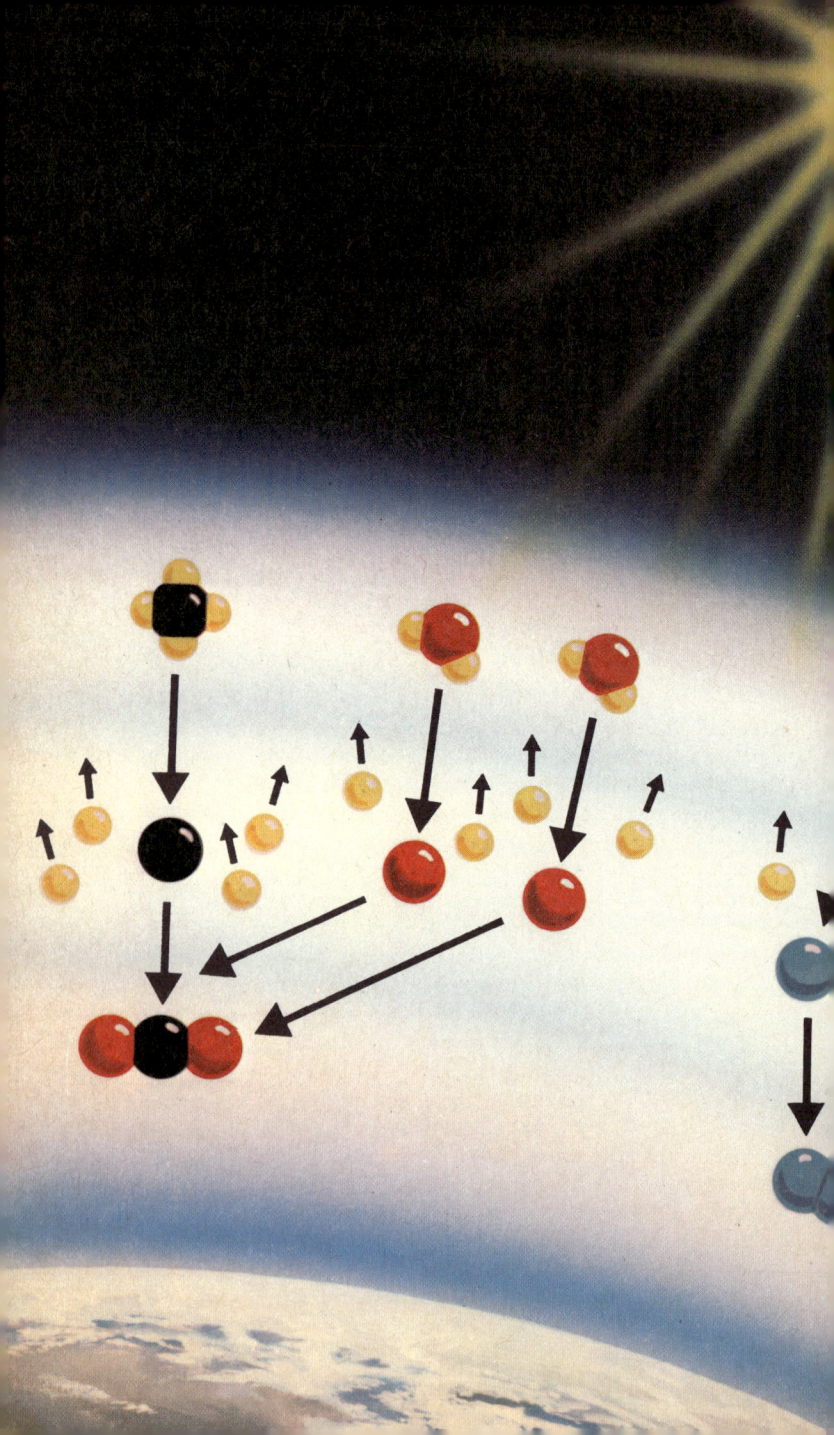

Durch die Energie des ultravioletten Sonnenlichtes wurden die chemischen Bestandteile während der Jahrmilliarden langsam in ihre atomaren Bausteine zerlegt, die sich dann zu neuen chemischen Verbindungen zusammenfanden; die Zerlegung von Methan und Wasser lieferte Kohlenstoff und Sauerstoff, die Kohlendioxyd bildeten; der aus dem Ammoniak befreite Stickstoff erzeugte den freien Stickstoff, den wir heute noch in der Erdatmosphäre finden. Die leichten Wasserstoffatome entwichen in den Weltraum.

ße Wärmekapazität, so daß sich das Meer tagsüber nur sehr wenig aufheizt und die Wärme während der Nacht nur sehr langsam abgibt. Das ist der Grund, weshalb wir über die ganze Erde verteilt eine recht gleichmäßige Temperatur haben. Im Schnitt beträgt sie 15 Grad über Null. Das ist gerade jener Temperaturbereich, der für das Leben höchst ideal ist.

Auch die Atmosphäre der Erde trägt dazu bei, die Temperatur auf ihrer Oberfläche auszugleichen. Tagsüber schirmt die Atmosphäre einen erheblichen Teil der Sonnenstrahlung ab; des Nachts behindert sie die Abstrahlung der Wärme in den Weltraum, so daß sich die Oberfläche nicht zu sehr abkühlt. Gleichzeitig sorgen die unablässigen Winde für eine Verteilung der Wärme über die ganze Erde.

Es hat nun einen ganz besonderen Grund, daß die Erde überhaupt im Besitz einer Atmosphäre ist und wohl auch noch lange Zeit bleiben wird. Das hängt damit zusammen, daß sie gerade die richtige Größe hat. Damit kommen wir zu einem physikalischen Vorgang, der in der Physik eines jeden Planeten eine ganz entscheidende Rolle spielt. Wir hatten zuvor davon gesprochen, daß die Erde in ihrer heißen Jugendzeit ihre allererste Atmosphäre verloren hat. Auch hatten wir gesehen, daß der Wasserstoff, den das kurzwellige Licht der Sonne aus den chemischen Bindungen herausgesprengt hatte, in das Weltall entwichen ist. Diese Vorgänge wollen wir uns einmal näher ansehen.

Gase und Dämpfe bestehen ja aus einzelnen Atomen und Molekülen, die mit großer Geschwindigkeit wirr umeinanderfliegen. Dabei stoßen sie dauernd aneinander und prallen wieder voneinander ab, viele Tausende von Malen in jeder Sekunde. Wenn die Gasdichte geringer wird,

werden die Strecken zwischen zwei Zusammenstößen größer und die Kollisionen seltener. Sodann hängt die Geschwindigkeit, mit der die Teilchen umeinanderfliegen, von der Temperatur ab. Sie werden um so schneller, je höher die Temperatur ansteigt. Stellen wir uns jetzt die Verhältnisse in den obersten Schichten der Erdatmosphäre vor, wo die Luftdichte sehr gering ist. Dort herrscht also ein Sprühregen von Luftteilchen, die oft weit in den Weltraum hinausfliegen. Sie werden jedoch meist wie emporgeworfene Steine von der Erde wieder angezogen, fallen wieder zurück und verbleiben daher in der Atmosphäre. Steigt jedoch die Temperatur über ein bestimmtes Maß, dann werden die Teilchen schließlich so schnell, daß sie dem Schwerkraftfeld der Erde entweichen können. Damit verschwinden sie endgültig in den Planetenräumen.

Die Geschwindigkeit der Teilchen hängt aber auch von ihrem Gewicht ab. Die Gasgesetze sind nämlich so beschaffen, daß jedes Teilchen im Schnitt dieselbe Energie besitzt; leichte Teilchen bewegen sich daher sehr viel schneller als schwere. Jetzt verstehen wir auch, weshalb die Erde, als sie sehr heiß war, ihre gesamte erste Atmosphäre verlieren konnte. Alle Teilchen bewegten sich schnell genug und versprühten im Weltall.

An der obersten Schicht der Erdatmosphäre ist die Luft so dünn, daß die einzelnen Luftteilchen wie winzige Raketen in den Weltraum hinausschießen, durch die Anziehungskraft der Erde jedoch wieder zurückgeholt werden. Nur wenige leichte und daher besonders schnelle Teilchen vermögen zu entkommen.

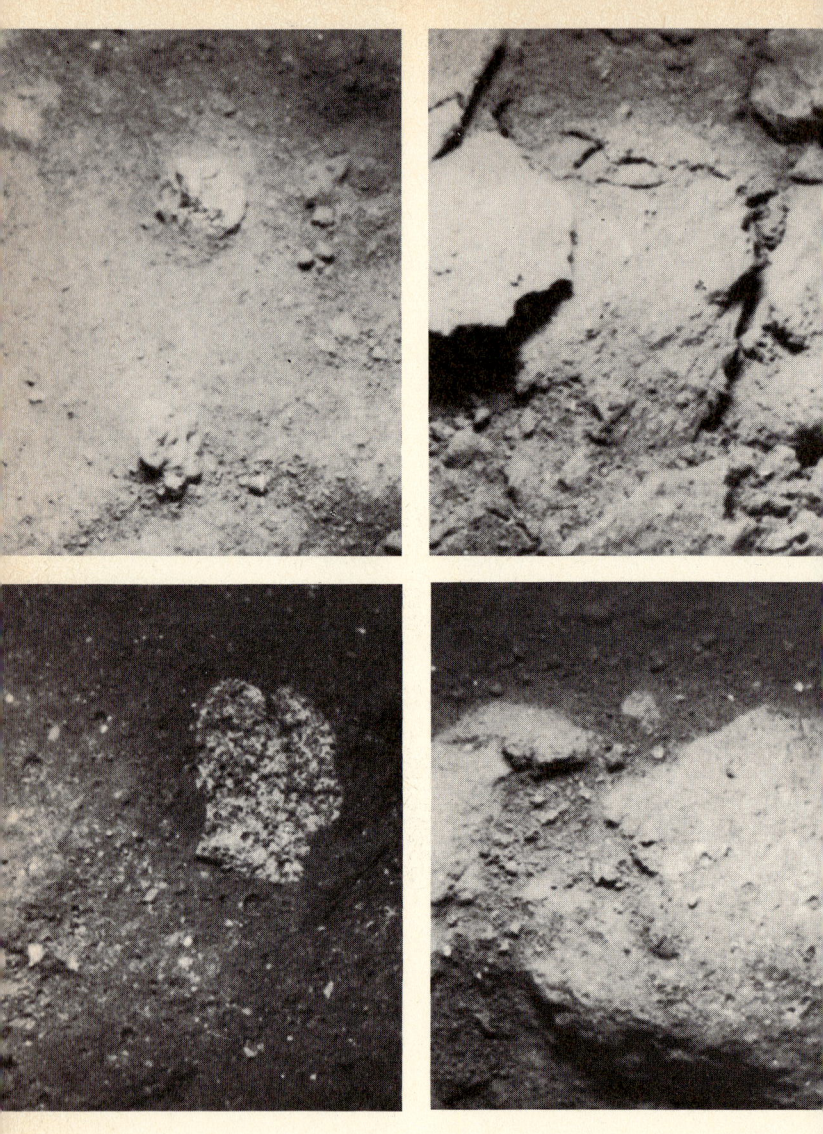

Der Mond ist zu klein, so daß seine Schwerkraft nicht imstande ist, eine Atmosphäre zu halten. Daher ist seine Oberfläche staubtrocken, wie diese Stereobilder
des Mondgesteins zeigen. Diese Details der Mondoberfläche wurden von den
ersten auf dem Mond gelandeten Astronauten aufgenommen.

Heute ist die Temperatur auf der Erde sehr viel geringer, so daß nur der leichte Wasserstoff schnell genug ist, um sich allmählich im Weltraum zu verflüchtigen. Das ist der Grund, weshalb wir heute in der Erdatmosphäre fast keinen Wasserstoff mehr vorfinden, obwohl er doch mit Abstand das häufigste Element ist. Wasserstoff existiert auf der Erde praktisch nur in der Form, daß er an schwerere Teilchen chemisch gebunden ist.

Nun können wir sofort einsehen, daß ein Himmelskörper eine Mindestgröße haben muß, wenn er überhaupt imstande sein soll, eine flüchtige Atmosphäre zu halten. Unterhalb einer bestimmten Größe wird nämlich seine Anziehungskraft so klein, daß er der Zerstreuungstendenz einer Gashülle keinen Einhalt gebieten kann. Unser Mond liegt unterhalb dieser Grenze. Das ist auch der Grund, weshalb der Mond keine merkliche Atmosphäre und kein freies Wasser auf seiner Oberfläche besitzt. Wenn er jemals eine Atmosphäre gehabt hat, dann hätte dies nur unter Bedingungen einer sehr niedrigen Temperatur – 200 Grad unter Null oder darunter – sein können. Obwohl der Mond genauso weit von der Sonne entfernt ist wie die Erde, herrschen auf ihm völlig andere Temperaturverhältnisse, eben weil ihm eine Atmosphäre fehlt. Während des Tages ist die Oberflächenschicht über 100 Grad heiß, in der Nacht sinkt sie auf über 100 Grad ab. Erst wenn man in ihn hineinbohrt, findet man – allerdings schon in mäßiger Tiefe – eine gleichförmig mittlere Temperatur.

Als unsere Astronauten im Sommer 1969 zum erstenmal auf dem Mond landeten, entdeckten sie dort eine große Fülle all jener Stoffe, die uns von der Erde her vertraut sind: Aluminium, Silizium, Eisen, Mangan, Nickel und viele andere in mannigfaltigen Verbindungen mineralischer Natur. Auch Sauerstoff ist – chemisch gebunden – vorhanden. Nur vom Leben fanden sie keine Spur. Das war auch gar nicht zu erwarten, denn das Leben kann bei diesen starken Temperaturgegensätzen unmöglich gedeihen. Dazu brauchte der Mond eine Atmosphäre und freies Wasser. Hierfür jedoch ist er einfach zu klein.

Unsere Erde dagegen vereinigt in sich jene ganze Sammlung von Eigenschaften, die ein Planet aufweisen muß, wenn er belebt sein will: Ihr chemischer Aufbau ist von der gerade richtigen Zusammensetzung; sie hat eine ausreichende Größe, um mit ihrer Schwerkraft eine Atmosphäre und damit auch ein Weltmeer festzuhalten; vor allem aber auch: sie hat den besten Platz an der Sonne, so daß sie von dem richtigen Maß an Sonnenenergie bestrahlt wird. Auch die Geschwindigkeit ihrer Achsendrehung ist so bemessen, daß die Tage und Nächte nicht zu lang sind. Alle diese Eigenschaften gehören zusammen. Freilich, wenn das nicht so wäre, dann gäbe es kein Leben auf der Erde und auch keine Wissenschaftler, die diesen idealen Zustand bewundern könnten.

Die Erde ist der Planet des Lebens – das können wir jetzt verstehen. Nun sind wir auch so weit, daß wir die Frage anpacken können, wie die Erde zu ihrem Leben gekommen ist.

4 000	
2 000	Erdurzeit
	Entstehung organischer Moleküle
	Anfänge des Lebens
1 000	
900	
800	
700	Erdfrühzeit
600	
540	
500	
400	Erdaltertum
300	
200	
100	Erdmittelalter
60	
0,6	Erdneuzeit

Millionen
Jahre

Das Leben entsteht

Kapitel 6

Im Anfang des 17. Jahrhunderts führte der flämische Arzt und Chemiker Jan Baptista van Helmont ein hochinteressantes und für die damalige Zeit auch typisches Experiment durch. Er beschrieb es folgendermaßen: «Wenn man schmutzige Unterwäsche in den Hals eines Gefäßes, das Weizen enthält, hineinstopft, dann löst sich das Ferment aus der Wäsche und transformiert sich mit dem Geruch des Weizens; der Weizen überzieht sich dann mit einer Kruste und verwandelt sich in Mäuse ... Das Bemerkenswerteste jedoch ist, daß diese Mäuse keine nackten neugeborenen Säuglinge sind und auch keine Frühgeburten, sondern sie springen völlig ausgewachsen heraus.» Van Helmont hat sich das keineswegs ausgedacht, sondern er hat dieses Experiment in der Tat durchgeführt.

Heute möchte man darüber vielleicht lächeln. Bestimmt hat van Helmont sein Gefäß nicht dauernd im Auge gehabt, denn sonst wäre es ihm nicht entgangen, daß ein trächtiges Mäuseweibchen das Gefäß mit der Unterwäsche und dem Weizen als eine ideale Kinderstube erkannte und sich dort einnistete. Zweihundert Jahre später schließlich hat der große französische Bakteriologe und Chemiker Louis Pasteur zu diesem Versuch bemerkt: «Es ist leicht, Experimente zu machen; es ist jedoch schwer, sie gut zu machen.»

Es ist erst etwa hundert Jahre her, daß Pasteur mit einer Serie von brillanten Versuchen den Nachweis erbracht hat, daß Leben zumindest heute nicht mehr aus unbelebter Materie entstehen kann. Diese Vorstellung ist nämlich uralt. So war man schon immer überzeugt, daß niedere Lebewesen – wie Würmer, Maden, Schnecken und Skorpione – aus Schlamm, Dung und verwesendem Material von selbst entstünden. Diese primitive Vorstellung wurde schon vor Pasteur von den beiden italienischen Ärzten Francesco Redi und Lazzaro Spallanzani widerlegt. Jeder weiß, daß verdorbenes Fleisch schon nach wenigen Tagen von Maden wimmelt. Diese beiden Forscher waren die ersten, die auf

Darstellung der zeitlichen Entwicklung der Erdzeitalter in logarithmischem, das heißt bei den größeren Werten stark zusammengedrängtem Maßstab. Die Anfänge des Lebens haben gewaltige Zeiträume in Anspruch genommen, ehe es sich dann in den letzten paar hundert Millionen Jahren explosionsartig entwickelt hat.

die Idee kamen, ein Stück Fleisch unter einem Gazenetz verrotten zu lassen, so daß die Fliegen nicht darankamen, um ihre Eier abzulegen. Schon diese einfache Vorkehrung genügte, um das Fleisch madenfrei zu halten. Trotzdem aber verweste es.

All das hört sich nicht sehr appetitlich an; indes, es gehört zu unserer Geschichte. Zur Zeit Pasteurs wußte man schon, daß die Verwesungsprozesse durch mikroskopisch kleine Lebewesen, die Bakterien, verursacht werden. Da diese so klein sind, daß man sie nur im Mikroskop erkennen kann, hatte man immer noch die Vorstellung, daß wenigstens die Bakterien in einer Nährlösung, wie etwa Fleischbrühe, von selbst entstünden. Es war die große Tat Pasteurs, auch mit dieser Vorstellung aufgeräumt zu haben. Ihm verdanken wir nämlich den Begriff der Sterilität. Er hat nachgewiesen, daß Nährsubstanzen — wie etwa Fleischbrühe oder Milch — durch Erhitzung keimfrei gemacht werden können. Auch heute noch nennt man dieses Verfahren «Pasteurisieren». Wenn man dann dafür sorgt, daß diese Stoffe nach der Sterilisierung luftdicht abgeschlossen werden, so bleiben sie völlig keimfrei. Da die sogenannten Keime ja auch Lebewesen sind, bedeuteten diese Versuche Pasteurs das Ende jeglicher Vorstellung, daß Leben, selbst in der Form winziger Mikroben, von sich aus entstehen könne.

Diese Versuche fallen in jene Periode der Wissenschaftsgeschichte, in der die materialistische Anschauung ihre ersten großen Triumphe feierte. Die Erkenntnisse Pasteurs haben die Kluft, welche die unbelebte von der belebten Materie trennte, entscheidend vergrößert. Seit dieser Zeit wissen wir, daß Leben nur von Leben stammen kann. Jedes Lebewesen muß Eltern haben. Die Glieder dieser Kette waren klar überschaubar, und man konnte sie in die Vergangenheit zurückverfolgen, so weit man wollte. Wenn wir noch bedenken, daß in der gleichen Periode der große Engländer Charles Darwin seine Abstammungstheorie formuliert hatte, dann ahnen wir schon das Dilemma. Aus jener Zeit stammt die berühmte Frage: Was war zuerst da, das Ei oder die Henne? Es stellte sich also das gewaltige Problem, dem Anfang dieser Kette nachzuspüren.

Aus diesen Überlegungen heraus entstand damals der Begriff der «Urzeugung». Wenn wir uns jetzt damit beschäftigen, so wollen wir das keineswegs in dem mystischen Sinne tun, den man mit diesem Begriff vielfach verbindet. Man kann es sich leichtmachen und in der Urzeugung einen fundamentalen Schöpfungsakt sehen. Freilich hilft das einer wissenschaftlichen Betrachtung dieses Problems nicht viel weiter, wenn sich jeder nach seinem persönlichen Geschmack oder metaphysischen Vorstellungen ein eigenes Bild macht. Die moderne astrophysikalische und biologische Wissenschaft gibt uns heute die Möglichkeit, die Urzeugung mit den Mitteln der Forschung zu betrachten. Wie wir sehen werden, gibt es da bereits eine Reihe von sehr bedeutsamen Anhaltspunkten.

Schon Darwin hat das Problem klar erkannt. Im Jahre 1871 schrieb er in einem Brief an einen Freund: ... «Wenn wir uns einen warmen kleinen Teich vorstellen (und was für ein großes ‹Wenn› ist das) mit allen Arten von Ammoniak, phosphorsauren Salzen, Licht, Wärme und Elektrizität, dann könnte sich schon auf chemischem Wege eine Protein-verbindung bilden, die weiterer, zahlreicher Wandlungen fähig wäre; heutzutage würde allerdings eine solche Substanz sofort verzehrt oder absorbiert werden, was nicht der Fall gewesen wäre, bevor andere Le-bewesen existierten.» In dieser Bemerkung steckt, wie wir heute wissen, der Ansatz zum Verständnis der Urzeugung. Der Aufbau von kompli-zierten Molekülen, wie sie für die Lebenssubstanz typisch sind, ist in der Tat möglich, wenn die richtigen Aufbausubstanzen in ihrer einfach-sten Form vorhanden sind. Das war in der Urzeit der Erde der Fall. Weiter ist Darwin mit seiner Spekulation allerdings nicht gegangen, und das konnte er auch nicht, da zu seiner Zeit die unüberschaubare Kompliziertheit der Lebenssubstanz auch nicht im entferntesten bekannt war. Heute, da wir wissen, daß die Bausteine der Lebewesen aus riesen-haften Molekülen von einem sehr hohen Organisationsgrad bestehen, erscheint die Urzeugung noch viel unwahrscheinlicher als vor hundert Jahren. Schon die kleinsten Lebewesen, die Viren, bestehen aus hochor-ganisierten Molekülen, in denen sich Millionen von Atomen in einem ganz bestimmten Muster anordnen. Wenn wir gar noch an die ein-fachsten Zellen denken, in deren Innerstem unzählige chemische Pro-zesse ablaufen, und die auch zur Teilung befähigt sind, dann möchte man den Gedanken an eine Urzeugung beinahe verwerfen. Es erscheint fast unvorstellbar, daß auch das einfachste Lebewesen von sich aus ent-stand.

Der geistreiche russische Biochemiker A. I. Oparin hat bereits in den zwanziger Jahren die Idee Darwins aufgegriffen und erheblich verfei-nert. Damals schon hat er ausführliche theoretische Betrachtungen angestellt, aus welchen Urstoffen sich die einfachsten Lebenssubstan-zen aufbauen könnten. Er ging aus von Wasser, Ammoniak und Koh-lensäure. Bei seinen umfangreichen, jedoch nur theoretischen Betrach-tungen hat er keine Gründe gefunden, weshalb sich die sogenannten Aminosäuren, aus denen die Proteine – wie etwa Eiweiß und Chitin – bestehen, aus diesen Ausgangssubstanzen nicht bilden könnten. Man darf natürlich nicht erwarten, daß man lediglich diese Substanzen in eine Retorte geben müsse, um dann nach Ablauf der entsprechenden Reak-tionen fertige Proteine vorzufinden. Dazu bedarf es eines Energiestoßes, der die Moleküle des Ammoniaks, der Wassers und der Kohlensäure in Bruchstücke zerlegt. Diese Bruchstücke, die sogenannten Radikale, sind nämlich sehr reaktionsfreudig und verbinden sich sehr schnell mit-einander. Die Energiestöße könnten elektrische Entladungen oder auch energiereiche Strahlungen sein. Die kühnen Ideen des russischen Pio-

niers wurden jahrzehntelang mit Skepsis betrachtet. Erst in den fünfziger Jahren kam man auf die Idee, die Vorstellung Oparins im Laboratorium nachzuprüfen. Bevor wir jedoch diese hochinteressanten Experimente besprechen wollen, sollten wir uns noch einmal die Chemie der Urerde ins Gedächtnis rufen, wie sie vor der Entstehung des Lebens vermutlich bestanden hatte.

Den Zeitraum in der Geschichte der Erde, als noch kein Leben existierte, nennt man auch die «präbiotische» Epoche. Man hat den Zeitpunkt der Entstehung des Lebens immer weiter hinausschieben müssen. Noch vor dreißig Jahren verlegte man den Beginn des Lebens etwa 600 Millionen Jahre in die Vergangenheit zurück. So alt sind nämlich die ältesten Fossilien. Nun werden allerdings ja zumeist nur die harten Körperteile von Tieren und Pflanzen versteinert. Das Leben muß also viel älter sein, da bereits die ältesten Fossilien sehr hochorganisierte Lebewesen waren, wie etwa Stachelhäuter, Muscheln und größere Pflanzen. Wenn wir noch einfachere Lebewesen, wie etwa Mikroben oder Algen ins Auge fassen, dann müssen wir bedenken, daß diese bei einer Versteinerung keine unmittelbaren Spuren hinterlassen. Im Jahre 1950 hat der amerikanische Nobelpreisträger Melvin Calvin eine Reihe von hochinteressanten Versuchen mit Urgesteinen durchgeführt. Er untersuchte sie nach dem Vorhandensein von Kohlenwasserstoffen, das heißt nach jenen langkettigen Molekülen aus Kohlenstoff- und Wasserstoffatomen, die wir bereits im zweiten Kapitel näher beschrieben haben. Es ist nun durchaus möglich, daß solche langkettigen Moleküle auch auf anorganischem Wege, das heißt ohne die biochemische Wirkung von Lebewesen, entstehen. Wenn das der Fall ist, werden Kohlenwasserstoffe von bestimmter Kettenlänge entsprechend einem gleichförmigen, relativ glatt verlaufenden Wahrscheinlichkeitsgesetz erzeugt. Calvin und seine Mitarbeiter jedoch stellten fest, daß Kohlenwasserstoffe mit einer bestimmten Kettenlänge – und zwar mit 17, 27 und 29 Kohlenstoffatomen – besonders häufig waren. Sodann fand er bevorzugt Kohlenwasserstoffe mit Seitenketten,

Seite 102/103
Im Urozean hat es nicht an Energiestößen gefehlt, welche die Substanzen im Meerwasser zerlegt und in reaktionsfreudige Molekülbruchstücke zerteilt haben. Unzählige Gewitter, die immerzu wüteten, haben ihre Blitze in das Meer geschleudert; die energiereiche kosmische Strahlung hat ebenso wie die Radioaktivität des Meeresbodens das Material des Urozeans jahrmilliardenlang bestrahlt. Die molekularen Bruchstücke dieser unzähligen Zerlegungen der Ursubstanz fanden sich dann, wie experimentell nachgewiesen wurde, zu den ersten und einfachsten organischen Molekülen zusammen, aus denen später lebende Organismen entstanden.

die an dem 16., am 18. und am 19. Kohlenstoffatom der Hauptkette angehängt waren. Bei der bevorzugten Erzeugung solcher speziellen Moleküle mußte also eine Organisation am Werke gewesen sein – eine Organisation, wie sie nur das Leben mit seinen Funktionen liefern kann. Diese ausgefallenen Kohlenwasserstoffe befanden sich in Urgesteinen, die zwei bis zweieinhalb Milliarden Jahre alt sind. Wir müssen demnach den Schluß ziehen, daß die präbiotische Epoche bereits vor mindestens zweieinhalb Milliarden Jahren ihr Ende gefunden hat. Damals also muß das Leben entstanden sein.

In der Zeit vor etwa drei Milliarden Jahren hatte sich das Weltmeer zum großen Teil schon gebildet. Die Lufthülle befand sich damals wohl in der Übergangsphase zwischen der zweiten und dritten Atmosphäre, die wir im vorigen Kapitel beschrieben haben. Das heißt, es befand sich in der Luft eine große Menge von Methan und Ammoniak, bereits aber auch vermischt mit Kohlendioxyd und freiem Stickstoff. Freier Sauerstoff existierte noch nicht in der Atmosphäre. Wie wir ja gesehen haben, verdanken wir den Luftsauerstoff der Aktivität der Pflanzen, und wir haben es jetzt ja mit der präbiotischen Epoche zu tun. Der Chemiker nennt eine solche Stoffansammlung, wie sie damals bestanden haben muß, reduzierend. Heute haben wir im Gegensatz dazu eine oxydierende Atmosphäre. Der freie Sauerstoff gehört nämlich zu den chemisch aktivsten Elementen, da er sich bereitwilligst mit allen anderen Stoffen verbindet. Dem Sauerstoff verdanken wir die Tatsache, daß viele Stoffe, wenn man sie frei herumliegen läßt, sehr schnell verwittern. Der Rost, der sich auf jedem ungeschützten Stück Eisen schon nach wenigen Tagen bildet, ist ein gutes Beispiel dafür. Daß in der präbiotischen Epoche die Erde eine reduzierende Atmosphäre besessen hat, war für die Entstehung der ersten organischen Moleküle förderlich, da sie keinen zerstörenden chemischen Kräften ausgesetzt waren.

Außerdem ist zu bedenken, daß Ammoniak und Kohlendioxyd wasserlöslich sind. Auch Methan kann sich im Wasser lösen, wenn auch nur in einem wesentlich geringeren Grad. Hinzu kommen noch zahllose Salze, die damals schon in großen Mengen durch die Flüsse aus der Erdkruste herausgewaschen und ins Meer getragen worden waren. Aus diesem Grunde war das Meerwasser – wie es auch heute noch ist – ein Gemisch von vielerlei chemischen Substanzen. Auch die Temperatur war gerade richtig: nicht zu heiß und nicht zu kalt. Das waren die Voraussetzungen, von denen Oparin ausgegangen war.

Im Jahre 1950 haben Calvin und später ein junger Doktorand des Nobelpreisträgers Urey, Stanley Miller, ihre bedeutsamen Experimente begonnen. Im Laboratorium stellten sie künstlich ein wäßriges Gemisch her, das dem Urozean der präbiotischen Epoche entsprach. Das freie Volumen über dem Flüssigkeitsspiegel im Innern einer Retorte füllten sie mit Methan, Ammoniak, Kohlendioxyd und Stickstoff. Dann

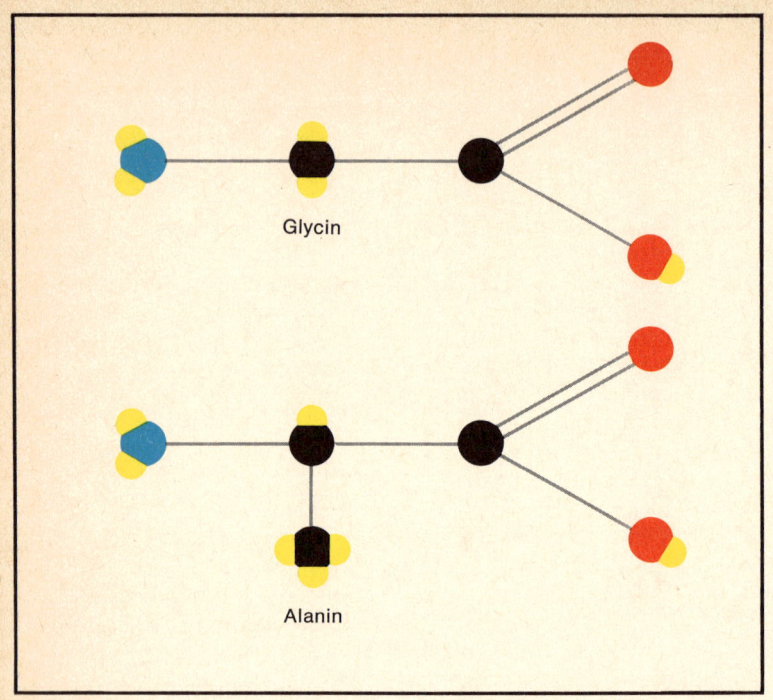

Strukturformeln der beiden einfachsten Aminosäuren Glyzin (oben) und Alanin (unten). Diese beiden organischen Moleküle haben sich bei den ersten Versuchen, die Entstehung der Lebenssubstanzen im Urozean nachzuahmen, gebildet.

lieferten sie auch noch die Energiestöße, die bereits Oparin als notwendig erachtet hatte. Sie benutzten dazu elektrische Entladungen, mit denen sie die Mischung in ihrer Retorte beschossen.

Nach einigen Tagen untersuchten sie das Gemisch. Zu ihrer großen Überraschung stellten sie fest, daß sich darin eine Reihe der einfachsten Amionosäuren befanden, und zwar Glyzin, Alanin und Andeutungen weiterer Moleküle aus dieser Gruppe. Das war ein sehr bedeutendes Ergebnis, denn damit hatte man die Anfänge in der Hand, die Urzeugung zu verstehen. Später hat der deutsche Biophysiker Boris Rajewsky, der Direktor des Max-Planck-Instituts für Biophysik in Frankfurt, ähnliche Experimente durchgeführt, wobei er als Energiegröße an Stelle von elektrischen Entladungen energiereiche Strahlen benutzte. Auch Rajewsky fand in der Mischung, die dem Urozean entsprach, nach Beendigung der Experimente verschiedene Aminosäuren und andere einfache organische Substanzen, die wir vom Aufbau der Lebewesen her kennen. Elektrische Entladungen und radioaktive Strahlen gab es im Urozean in Hülle und Fülle. Schon damals gab es Gewitter. Meteorologen haben geschätzt, daß täglich auf der Erde über 40 000 Gewitter entstehen, von denen natürlich ein großer Teil über dem Meer wütet. Es gab also genügend Blitze, welche ins Meer schossen. Andererseits enthält gerade die Erdkruste die meisten radioaktiven Substanzen, wie Uran, Thorium und Radium, so daß das Meerwasser vom Boden her dauernd bestrahlt wurde. So können wir also mit Sicherheit den Schluß ziehen, daß im Ozean der präbiotischen Epoche eine Unzahl von Aminosäuren entstand. Jetzt kommen wir noch einmal auf das Zitat Darwins zurück. Er sprach davon, daß von selbst entstehende einfache organische Moleküle heute mit ihrer Lebensdauer keine große Chance haben, da sie in kurzer Zeit von den bereits existierenden Lebewesen verbraucht werden. Damals gab es aber noch kein Leben. Auch gab es keinen Sauerstoff, der diese Aminosäuremoleküle durch Oxydation zerstört hätte. Es herrschten also in der reduzierenden Atmosphäre und den Ozeanen während der präbiotischen Epoche ideale Bedingungen, um einmal entstandene Aminosäuren beliebig lange beständig bleiben zu lassen. Diese Aminosäuren müssen sich im Laufe von Hunderten von Millionen Jahren im Urozean also sehr stark angesammelt haben, so daß schließlich der Ozean zu einer dicken «Suppe» wurde, die mit einfachen organischen Molekülen aller Art hochgradig angereichert war. In dieser Suppe also müssen wir jene Vorgänge suchen, die man Urzeugung nennt.

Der nächste Schritt in Richtung auf den Aufbau der Lebenssubstanz besteht darin, daß sich diese Aminosäuren zu sogenannten Polypeptid-Ketten zusammenfügten. Die Kenntnis über den Aufbau dieser Stoffe verdanken wir dem großen deutschen Chemiker Emil Fischer, der ihnen auch den Namen gegeben hat. Eine Aminosäure besteht aus einem Kohlenstoffatom, das ja – wie wir wissen – vierwertig ist. Auf der einen Seite trägt es ein Wasserstoffatom. An der Position zwei trägt es eine sogenannte Amingruppe und an der Position drei trägt es eine sogenannte Karboxylgruppe. Die Amingruppe hat die Form NH_2 und die Karboxylgruppe hat die Form COH. An der vierten Stelle hängt eine Seitenkette, die im Falle der einfachsten Aminosäure, des Glyzins, aus einem einzelnen Wasserstoffatom besteht (siehe Bild Seite 106). Fischer hat nun gezeigt, daß diese Aminosäuren sich aneinanderketten lassen, unter Bildung eines Wassermoleküls, wobei das Aminende der einen Säure sich an das Karboxylende der zweiten Säure anhakt. Dieser Kettenbildungsprozeß kann nun nahezu beliebig fortgesetzt werden. Das Rückgrat einer solchen Polypeptid-Kette hat dann die Form NCCNCC NCCNCC ... (siehe Bild Seite 108). Fischer ist es als erstem geglückt, kurze Polypeptid-Ketten von bis zu 18 Gliedern im chemischen Labora-

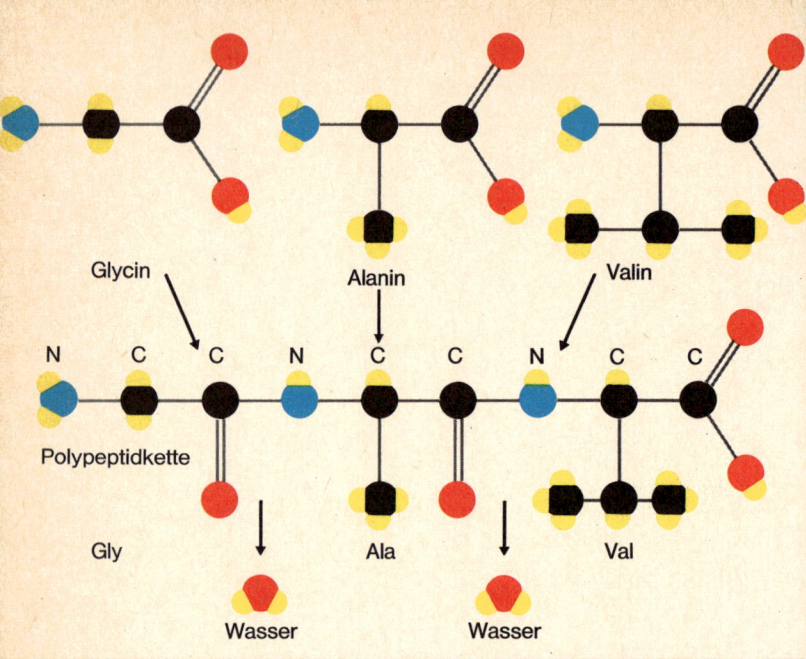

Glycin · Alanin · Valin

N C C N C C N C C

Polypeptidkette

Gly · Ala · Val

Wasser · Wasser

Schematische Darstellung der Bildung einer kurzen Polypeptid-Kette aus den drei einfachsten Aminosäuren Glyzin, Alanin und Valin. Bei der Verkettung findet sich das sogenannte «Aminende» der einen Säure mit dem sogenannten «Karboxylende» der anderen Säure zusammen. Bei dieser Art von Verbindung werden je ein Sauerstoff- und je zwei Wasserstoffatome frei, die sich zu einem Wasserstoffmolekül zusammenfinden. So entsteht das typische Rückgrat eines Proteinmoleküls nach dem Muster NCCNCCN . . . usw.

Modell des größten bisher hergestellten Proteinmoleküls, der «Ribonuklease», eines Verdauungsfermentes. Das Molekül besteht aus einer Kette von 124 Aminosäuren, die der Reihe nach durch Abkürzung ihrer ersten drei Buchstaben gekennzeichnet sind. Das Molekül ist geknäuelt, wobei an den Positionen 26/84, 40/95, 58/110 und 61/72 jeweils durch die Aminosäure Cystin über eine sogenannte Disulfidbrücke Querverbindungen bestehen.

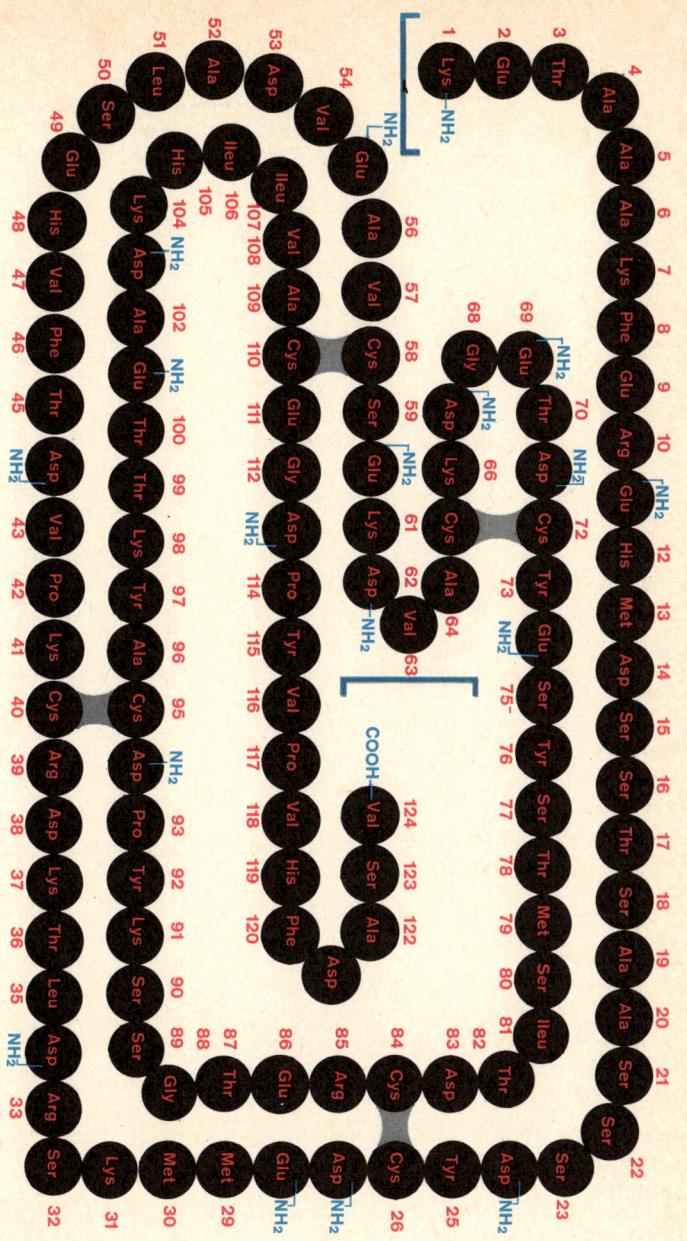

torium zusammenzufügen. Ein Proteinmolekül jedoch besteht aus Ketten von Tausenden und Zehntausenden von Gliedern. Inzwischen hat sich die Kunst des Biochemikers so verfeinert, daß die Rekordkettenlänge, die man heute bei einem künstlichen Proteinmolekül hergestellt hat, 124 beträgt, deren Reihenfolge man sogar noch nach Plan anordnen konnte. Im Jahre 1968 nämlich gelang den amerikanischen Biochemikern Robert Merrifield, Bernd Gutte, Robert Denkewalter und Ralph Hirschmann die künstliche Herstellung eines wichtigen Proteinmoleküls: der sogenannten Ribonuklease. Ein solches Molekül darf man sich in seiner Wirkungsform allerdings nicht als eine langgestreckte Kette vorstellen, sondern es ist geknäuelt, wobei zwischen einzelnen Kettengliedern an verschiedenen Stellen Querverbindungen bestehen (siehe Bild Seite 109).

Die höher organisierten Proteine mit Kettenlängen von Zehntausenden von Gliedern schließlich bilden lange gewundene Strukturen, bei denen mehrere Ketten wie Zöpfe aufgewickelt sind. In dieser Form sind die Proteinmoleküle sehr stabil. So ist zum Beispiel das Keratin aufgebaut, aus dem unsere Haare und unsere Fingernägel bestehen.

Wie wir zuvor gesehen haben, entsteht bei der Kopplung zweier Aminosäuren ein Molekül Wasser, und zwar je eines, wenn eine neue Aminosäure an die stets wachsende Kette eines entstehenden Proteinmoleküls angefügt wird. Nun befanden sich im Urmeer ja die Aminosäuren bereits in einer wäßrigen Lösung, so daß sich dieser Kopplungsvorgang in einer solchen Umgebung nicht so leicht durchführen läßt. Vor allem kann man nicht damit rechnen, daß sich ein solcher Prozeß von selbst – das heißt durch Zufall – besonders oft ereignet. Aber auch dieses Hindernis wurde durch eine Idee von Calvin beseitigt. In der Uratmosphäre und im Urozean gab es vermutlich auch zahlreiche Moleküle eines stechend riechenden, giftigen Gases, des Zyan. Ein solches Molekül besteht aus einer energiereichen Kopplung von zwei Kohlenstoffatomen und zwei Stickstoffatomen. Es ist sehr wahrscheinlich, daß sich solche Moleküle gebildet haben, das ja seine Bestandteile – nämlich Kohlenstoff- und Stickstoffatome – reichlich vorhanden gewesen sein müssen, nachdem das ultraviolette Sonnenlicht dauernd Methan und Ammoniak in ihre Bestandteile zerlegte. Calvin und seine Mitarbeiter haben nun dem künstlichen Urozean in der Retorte Zyan zugesetzt. Dieses energiereiche Molekül ist imstande, die Bestandteile eines Wassermoleküls aus dem Amin- bzw. Karboxylende von Aminosäuren herauszureißen. Diese konnten sich dann zu einer zweigliedrigen Kette von Aminosäuren zusammenfügen. Dieser Versuch ist in der Tat gelungen, so daß wir uns

Molekulare Feinstruktur eines Haares. Proteinmoleküle der organischen Substanz Keratin sind zu mehrfach verwundenen Zöpfen im Rhythmus der Zahl 7 zusammengefügt. Die vielfach immer wieder ineinander verflochtenen Wendelstrukturen verleihen der Substanz unserer Haare und Fingernägel ihre Festigkeit.

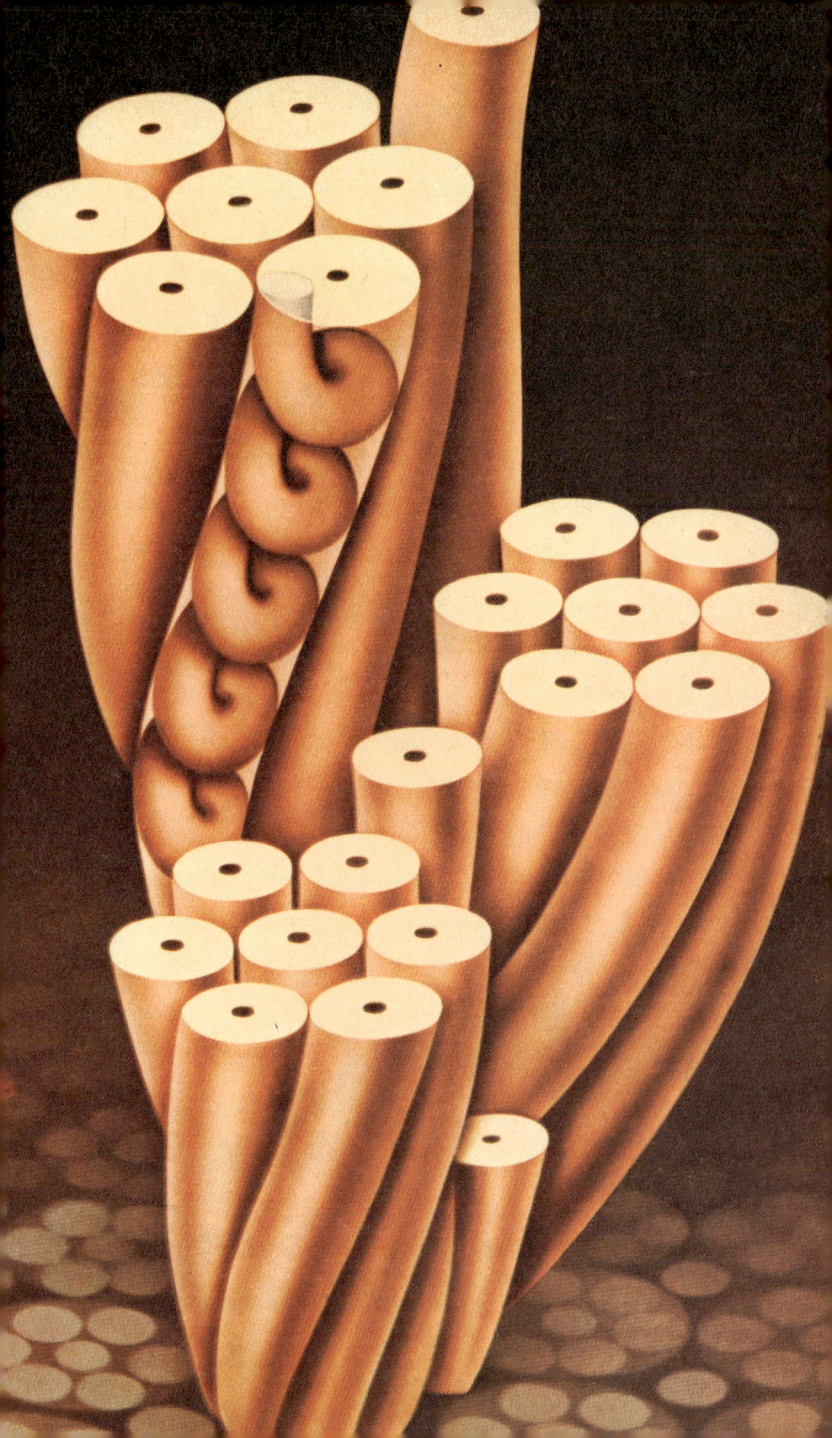

Ein Molekül der Desoxyribonukleinsäure teilt sich, wobei jeder der beiden Einzelstränge der Doppelwendel sich wieder zu einer vollständigen Doppelwendel ergänzt. Dieser hochkomplizierte Vorgang ist die Grundlage der Zellteilung und damit auch der Vererbungsvorgänge. Im inneren Teil der Doppelwendel sitzen – nach einem bestimmten Muster in ihrer Reihenfolge – Repräsentanten der vier basischen Substanzen Adenin (A), Cytosin (C), Guanin (G) und Thymin (T), die sich jeweils paarweise aneinanderfügen, und zwar A mit T und G mit C. Jede der Basen in den Hälften der geteilten Wendel sucht sich die entsprechenden Partner aus der Masse der Zellsubstanz heraus, so daß sich hinterher zwei Doppelwendeln mit derselben Reihenfolge der Basenpaare bilden.

jetzt die Entstehung von immer länger werdenden Proteinmolekülen im Urozean vorstellen können.

Da gab es noch ein weiteres wichtiges Ergebnis dieser spannenden Versuche. In dem künstlichen Urozean in der Retorte, den man mit elektrischen Ladungen bearbeitete, entstanden auch besondere Molekülarten, die sogenannten Porphyrine. Diese Porphyrine besitzen ringförmige Strukturen – ähnlich wie die Benzolringe. Es hat sich nun gezeigt, daß der Wirkungsteil des Chlorophyllmoleküls ein Prophyrin ist. Wir sehen also hier auch die Anfänge für die Bildung eines der wichtigsten organischen Moleküle in der Natur, das die Pflanzen in ihrer Ernährung und ihrem Wachstum unabhängig gemacht hat. Zu Beginn nämlich konnten sie sich ja nur aus jenen Stoffen weiter aufbauen, die im Urmeer in der beschriebenen Weise dauernd von sich aus entstanden. Die Photosynthese erlaubt es den Pflanzen, aus Kohlensäure und Wasser allein organische Moleküle gezielt aufzubauen. Gleichzeitig begann damit auch jener Prozeß, der dazu führte, daß das Kohlendioxyd aus der Luft herausgeschafft und durch freien Sauerstoff ersetzt wurde.

Die Proteine sind schon sehr verwickelt aufgebaute Riesenmoleküle. Indessen sind sie lediglich Aufbau-, Nahrungs- und Wirkstoffe des Lebens. Es ist also noch ein weiter Weg bis zu der komplexen Organisation, welche die Natur eines jeden Lebewesens kennzeichnet. Es ist auch ein weiter Weg bis zur Konstruktion der einfachsten Zelle. Vor allem haben wir ja noch überhaupt nicht über die wohl wichtigste Eigenschaft des Lebens gesprochen: seine Fortpflanzungsfähigkeit. Wenn wir auch noch weit davon entfernt sind, diese besondere Eigenschaft der lebenden Materie zu begreifen, so hat uns die moderne Biochemie doch gezeigt, wie man das alles wenigstens in seinen Grundzügen verstehen kann. Im Innern einer jeden Zelle befindet sich ein sogenannter Kern, ein winzig kleiner Ball hochorganisierter organischer Moleküle. Diese bilden zwar auch lange Ketten; sie sind jedoch völlig anders aufgebaut als die Proteine. Es ist hier nicht der Platz, auf die biochemischen Details dieser sogenannten «Nukleinsäuren» einzugehen. Es genügt zu sagen, daß diese Ketten aus besonderen Zucker- und Phosphatgruppen bestehen, an denen in einer bestimmten Reihenfolge, die sich nahezu unendlich variieren läßt, weitere Molekülgruppen als Seitenketten hängen. Ähnlich wie die hochorganisierten Proteinmoleküle sind auch diese Ketten zopfartig verflochten. In einer brillanten Arbeit haben die englischen Nobelpreisträger James Watson und Francis Crick gezeigt, daß je zwei Stränge eine Art Doppelwendel bilden, die sich bei der Zellteilung voneinander lösen. Jeder Strang ergänzt sich dann aus dem Zellmaterial wieder zu einer vollständigen Doppelwendel. Wir wissen heute, daß in der Folge der Zehntausenden von Seitenketten eines jeden Stranges eine Art mathematischer Code steckt, der dafür sorgt, daß der Tochterzelle alle Eigenschaften der Mutterzelle getreulich übertragen werden.

Diese Ergebnisse, die uns mit einem Schlag das Wesen der Fortpflanzung und Vererbung begreifen lassen, gehören zu den bedeutendsten wissenschaftlichen Leistungen unseres Jahrhunderts. Gleichzeitig aber lassen sie uns auch die chemische Organisation der Lebenssubstanz in ihrer unüberschaubaren Mannigfaltigkeit ahnen (siehe Bild Seite 112/113).

Es müssen also Milliarden und aber Milliarden von einzelnen Schritten des chemischen Werdegangs gewesen sein, die schließlich aus dem Material des Urozeans und der Uratmosphäre unserer Erde eine lebende, fortpflanzungsfähige Zelle geschaffen haben. Es erscheint unwahrscheinlich, ja sogar unglaublich, daß sich all diese Vorgänge auch wirklich ereignet haben sollen. Allerdings haben wir auch die wohl wichtigste Zutat im Rezept des Lebens noch nicht erwähnt: die Zeit. Die präbiotische Epoche hat mehrere Milliarden Jahre gedauert. Was sich in der ersten Milliarde von Jahren nicht ereignet hat, passierte dann eben während der zweiten.

Während einer so unvorstellbar langen Zeit kann sich einiges ereignet haben – unter anderem auch die Urzeugung des Lebens.

Sterile Geschwister der Erde

Heute besitzen wir einen ansehnlichen Schatz von Erkenntnissen über die chemische Natur des Planetensystems, über die physikalischen Kräfte, die es beherrschen, und über das Wesen des Lebens. Daher ist die Frage nach der Möglichkeit des Lebens auf den Schwesterwelten der Erde keineswegs mehr ein so müßiges Unterfangen, wie es früher war. In einer gewissen Weise ist eine Antwort auf die Frage dadurch leichter geworden. Das Problem hat sich andererseits auch sehr erschwert durch die Erkenntnis, daß das Leben materiell so hoch organisiert ist, daß man es in seinen Einzelheiten nur ahnen und keineswegs schon überschauen kann. Erschwert hat sich dadurch auch die Vorstellung, daß das Leben auf einem Planeten durch Urzeugung entstehen könne. Auf unserer Erde ist ein solcher Vorgang immerhin noch denkbar. Bevor wir uns daher nach dem Leben auf den anderen Planeten in unserem Sonnensystem auf die Suche machen, sollten wir bei diesen Schwierigkeiten noch etwas verweilen. Die nun folgenden Betrachtungen werden uns sehr dienlich sein, da sie unser Urteil über die mögliche Belebtheit unserer Schwesterwelten festigen.

Unter Urzeugung versteht man jenen Vorgang, bei dem sich ein fortpflanzungsfähiges Lebewesen in einer geeigneten Umgebung im Laufe der Zeit durch das Zusammenspiel physikalischer und chemischer Kräfte von selbst bildet. Bereits im vorigen Jahrhundert hat Charles Darwin seine berühmte Abstammungslehre aufgestellt, die seitdem zu den bedeutendsten Erkenntnissen in der Biologie zählt. Nach dieser Lehre war es lediglich notwendig, daß bei der Urzeugung nur ein einziges Mal eine winzige fortpflanzungsfähige Zelle entstand. Unsere heutigen biologischen Erkenntnisse erlauben uns dann durchaus die Vorstellung, daß sich im weiteren Entwicklungsgang durch die Jahrmillionen als Folge von Mutationen und Auslese alle heutigen Lebewesen einschließlich des Menschen gebildet haben.

Zuvor hatten wir ausführlich geschildert, daß wir die Anfänge der Bildung organischer Moleküle im Urozean der Erde vor Milliarden von Jahren nicht nur verstehen können; wir können sie sogar künstlich im Laboratorium nachahmen. Dazu muß man lediglich ein künstliches Urmeer in der Retorte zusammenstellen, das jene Stoffe enthält, die damals in der Atmosphäre der Erde reichlich vorhanden waren – Methan, Ammoniak, Kohlendioxyd und Zyan. Bringt man dann elektrische Entladungen oder Bestrahlungen zur Anwendung, wie sie in der Urzeit durch Blitzschläge ins Meer oder durch die Radioaktivität der Erdkruste reichlich geliefert wurden, so entstehen die einfacheren organischen Moleküle, aus denen sich die Körper der Lebewesen aufbauen. Ja sogar Anfänge der für die Lebenssubstanz so typischen Kettenbildung von Aminosäuren haben sich bei diesen Experimenten ergeben. An dem natürlichen Aufbau komplexer Moleküle – wenn auch nur in bescheidenem Umfang – durch die Physik und die Chemie der Urerde läßt sich heute nicht mehr zweifeln.

Nun war es allerdings bestimmt noch ein sehr weiter und wohl auch sehr verschlungener Weg der Entwicklung von den ersten primitiven Ketten von Aminosäuren bis zu einer hochorganisierten, fortpflanzungsfähigen Zelle mit der ganzen Mannigfaltigkeit ihres Stoffwechsels. Dieser Weg ist keineswegs kürzer gewesen als die gesamte Länge der Entwicklungsbahn von jener Zelle bis zu den höchstentwickelten Tieren oder sogar bis zum Menschen. Den Gang von der ersten Zelle bis zum Menschen können wir freilich nicht in allen Einzelheiten verfolgen. Wir können ihn uns jedoch zumindest vorstellen, da diese Entwicklung nach biologischen Gesetzen erfolgt sein kann, die wir kennen. Es ist aber noch eine gewaltige Lücke, die in unserem Verständnis des gesamten Entwicklungsganges zwischen den einfachsten organischen Molekülen und der ersten Zelle klafft.

Auf diese Lücke haben schon viele hingewiesen, die an die Urzeugung nicht zu glauben vermögen. Dazu hat uns kürzlich ein Leser ein scheinbar sehr treffendes Beispiel geschrieben: Man stelle sich einen Schutthaufen vor, auf dem eine große Zahl von ausgedienten Haushaltsgeräten – darunter auch Radios, Toaster, Kühlschränke, Tonbandgeräte und Elektroherde – gestapelt sind. Auch wenn man Jahrmillionen wartet, so kann man wohl kaum damit rechnen, daß aus diesem Schutthaufen von selbst schließlich ein so hochkompliziertes Gerät wie ein Farbfernseher entsteht. Gewiß, auf diesem Schutthaufen befinden sich alle Stoffe, die beim Bau eines Farbfernsehgerätes benötigt werden: Eisen, Aluminium, Kuper und Zinn, Glas, Kunststoffe und Farbe und sogar auch Spuren des Metalles Germanium, das in den modernen Transistoren verwendet wird. Es ist bestimmt richtig, daß man trotzdem wohl vergebens auf die Urzeugung eines Farbfernsehgerätes in einem solchen Schutthaufen warten würde.

Wie viele Beispiele hinkt auch dieses, so treffend es auf den ersten Blick zu sein scheint. Da ist zunächst einmal die sogenannte Katalyse, eine Erscheinung, die beim Ablauf chemischer Vorgänge eine ganz entscheidende Rolle spielt. Was ist das? Unter einem Katalysator versteht man eine Substanz, die die Geschwindigkeit chemischer Prozesse, die in einer bestimmten Richtung ablaufen sollen, ganz erheblich steigert. Ein Katalysator spielt bei diesen Prozessen nur die Rolle eines Zwischenträ-

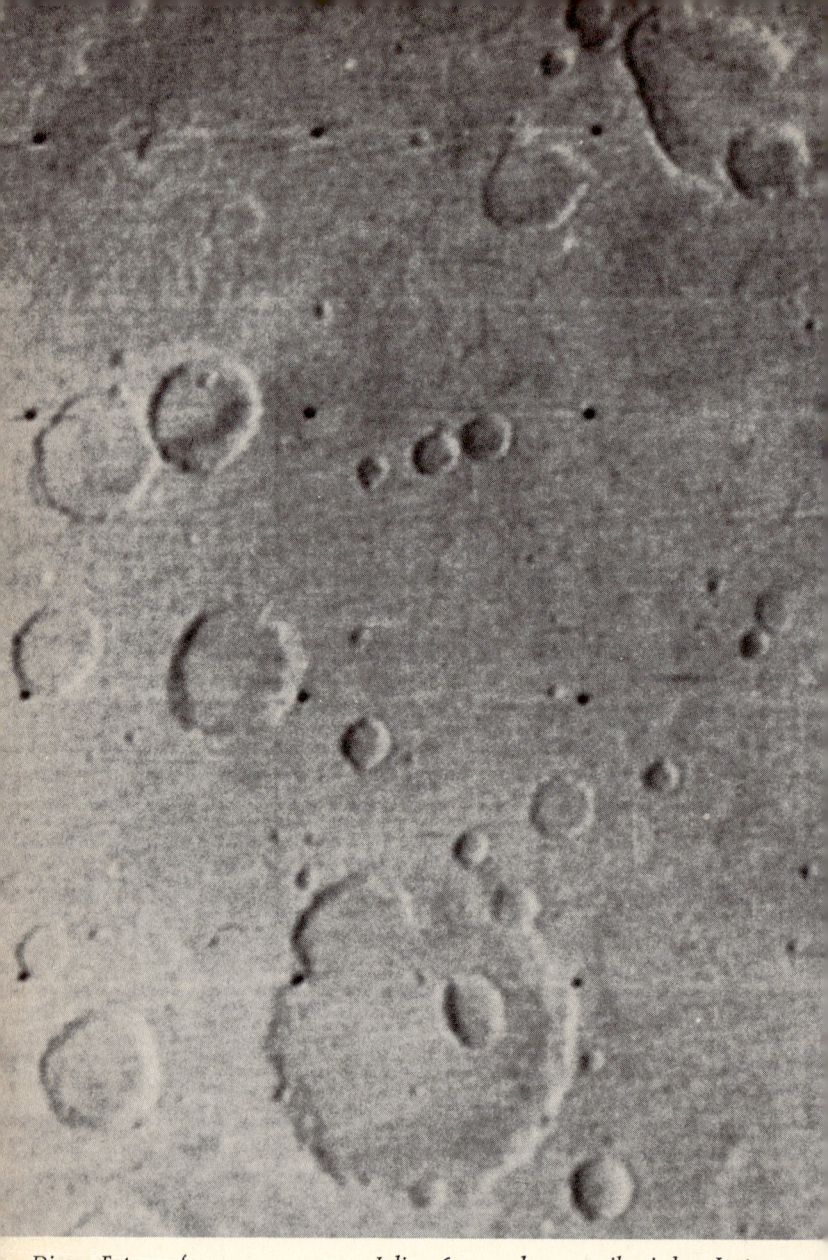

Dieses Foto, aufgenommen am 30. Juli 1969 von dem amerikanischen Instrumententräger Mariner 6 aus einer Entfernung von knapp 3500 Kilometer, zeigt

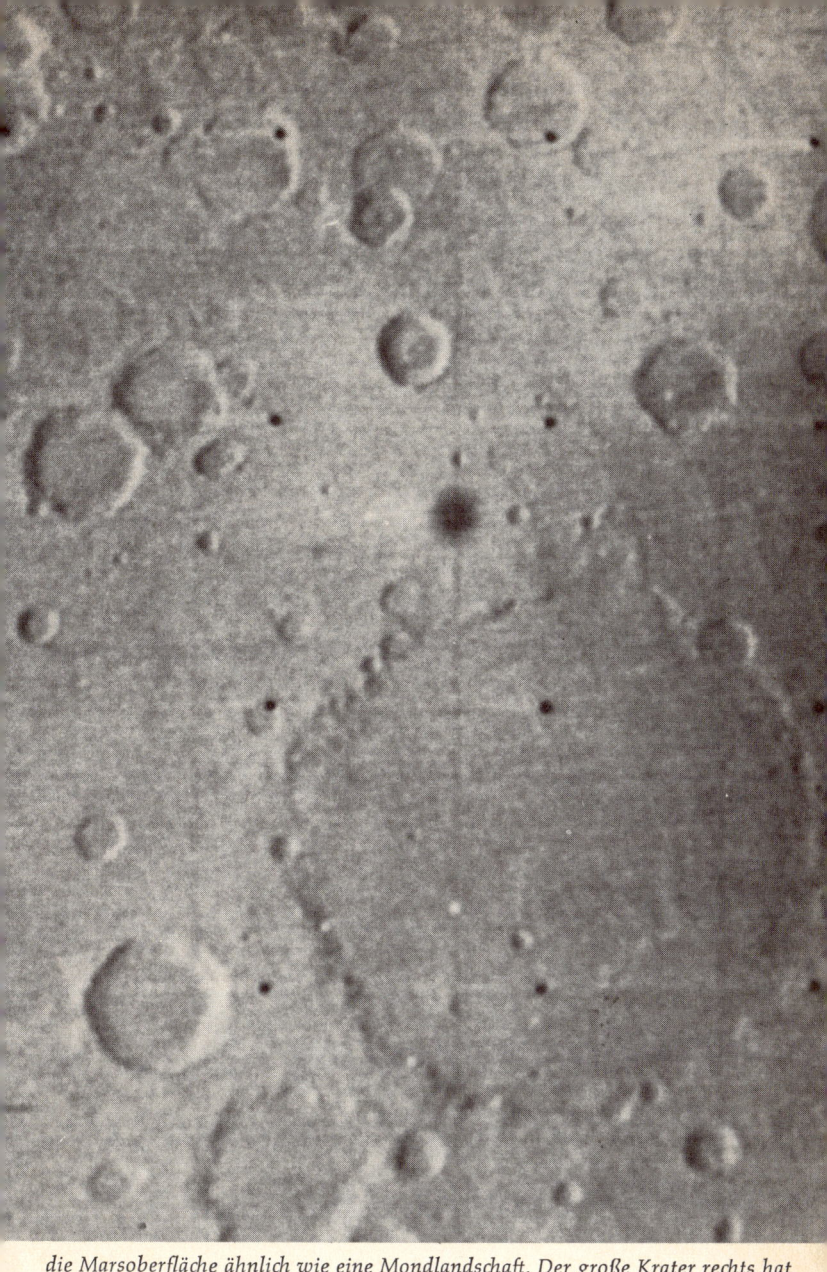

die Marsoberfläche ähnlich wie eine Mondlandschaft. Der große Krater rechts hat einen Durchmesser von über 250 Kilometer.

gers. Wenn die Reaktion abgelaufen ist, wird er wieder in seine ursprüngliche Form zurückverwandelt, so daß er seine Rolle immer wieder von
neuem spielen kann. Diese Wirkungsweise eines Katalysators ist so
wichtig, daß ohne sie die Lebensvorgänge überhaupt nicht vorstellbar
wären. Lebewesen nutzen diese Erscheinung praktisch bei jedem chemischen Umsatz ihres komplizierten Stoffwechsels. Katalysatoren, die in
lebenden Organismen wirken, hat man einen besonderen Namen gegeben: man nennt sie Enzyme. Ein großer Teil der Arbeit der Biochemi-

*Klimatische Extreme in unserem Planetensystem: Auf der Oberfläche des inner-
sten Planeten, Merkur (links), herrschen im rohen Sonnenschein des atmosphä-
renlosen Körpers Temperaturen von mehreren hundert Grad. Auf der Oberfläche des größten Saturnmondes (rechts), etwa ebenso groß wie Merkur, beträgt
dagegen die Temperatur einige 150 bis 200 Grad unter Null. In beiden Fällen
sind die natürlichen Temperaturgrenzen, unter denen Leben gedeihen kann, weit
über- bzw. unterschritten.*

ker der letzten Jahrzehnte war darauf gerichtet, wenigstens einige der unzähligen Enzyme, die in den Zellen von Lebewesen dauernd am Werke sind, zu identifizieren. In jedem einzelnen Fall hat man festgestellt, daß sie beim Aufbau – und auch beim Abbau – der riesigen verschiedenartigen Proteinmoleküle eine Schlüsselrolle spielen. So kennen wir heute viele solcher Proteinmoleküle, die ohne die Anwesenheit eines ganz bestimmten, spezifischen Enzyms vom Körper eines Lebewesens nicht hergestellt oder abgebaut werden können.

Vielleicht sollten wir uns für die Wirkungsweise eines Enzyms ein Beispiel ausdenken. Auf einer Kegelbahn ist es nach jedem Spiel ein etwas mühseliges Geschäft, die umgeworfenen Kegel wieder geordnet aufzustellen. Aus diesem Grunde hat man dafür schon immer Kegelbuben beschäftigt. Wollte man diesen Aufbau mechanisieren, so könnte man zwei Wege gehen. Man könnte die Plattform, auf der die Kegel aufgestellt sind, auf Federn montieren und sie mit einer mechanischen Rüttelmaschine in schaukelnde Bewegung versetzen. Dadurch werden die Kegel hin und her gewürfelt, und es könnte durchaus der Fall sein, daß sie durch diese rastlose Bewegung alle zufällig einmal in der richtigen Position zum Stand kommen. Das ist allerdings so unwahrscheinlich, daß noch niemand auf die Idee gekommen ist, die Kegel etwa auf diese Weise mechanisch aufzustellen. Eine Kegelbahn, die mit einer solchen Ausrüstung bestückt wäre, würde sich vermutlich nur für ein einziges Spiel pro Abend eignen. Das war wohl die Idee des Beispiels mit dem Farbfernsehgerät. Mechanische Vorrichtungen zur Aufstellung von Kegeln sind natürlich völlig anders konstruiert. Nachdem die Kegel gefallen sind, werden sie von einem Raster, das entsprechend dem Muster der Aufstellung gebaut ist, erfaßt und in kürzester Zeit in der richtigen Position aufgestellt. Dieses Raster nun entspricht in einer gewissen Weise einem Enzym. Aus dem wirren Gemisch von einfacheren organischen Bausteinen im Innern einer Zelle holt sich das Enzym, das auch eine Art Raster besitzt, diejenigen heraus, die zu einem geordneten Proteinmolekül zusammengefügt werden sollen. Jetzt verstehen wir auch, weshalb Enzyme so spezifisch sind, das heißt, daß zum Aufbau oder Abbau eines jeden Proteinmoleküls auch ein bestimmt geformtes Enzym gehört. Dieses Verfahren, das die Natur offenbar schon in grauer Vorzeit erfunden hat, hat zudem noch den Vorteil, daß die Proteinmoleküle praktisch immer fehlerlos zusammengestellt werden. Auch eine Maschine zum Aufstellen von Kegeln ist so gebaut, daß sie immer wieder dasselbe Muster in der Position der Kegel fehlerlos herstellt. Zudem hat diese Erfindung noch den Vorteil, daß sie sehr schnell zum Ziele führt und aus dem Wirrwarr in kürzester Zeit Ordnung schafft. Die Enzyme sind in der Tat zauberhafte Substanzen, welche die chemischen Prozesse im Innern einer Zelle ganz gezielt und sehr schnell in eine bestimmte Richtung vorantreiben.

Wenn man also die Wirkungsweise der Enzyme ins Auge faßt, dann erscheint jene Lücke, von der wir gesprochen haben, nicht mehr ganz so groß; das Beispiel mit dem Farbfernsehgerät hat nun schon etwas an Überzeugungskraft verloren. Dann muß noch eine zweite Erscheinung bedacht werden: die Auslese, jene brillante Erkenntnis von Darwin. Wenn sich bei den langwierigen Prozessen der Urzeugung vielleicht einmal ein bestimmtes Enzym gebildet hat, dann ist jene Molekülgruppe, die es sich angeeignet hat, allen andern gegenüber weit im Vorteil. Diese Molekülgruppe ist dann im Besitz eines Verfahrens, das ihr eine sehr viel schnellere und erfolgreichere Vermehrung im Vergleich zu den anderen sichert. Schon zuvor hatten wir einmal erwähnt, daß die wichtigste Zutat im Rezept des Lebens die Zeit ist. Es standen ja Hunderte von Millionen von Jahren zur Verfügung, in denen weitere Enzyme entstehen konnten. Die inzwischen bereits weit vorgeprellte Molekülgruppe hatte dann auch die größte Chance, sich diese neuen Enzyme anzueignen, ja weitere vielleicht sogar selbst herzustellen. Jetzt verstehen wir auch, daß das Beispiel mit dem Farbfernsehempfänger sogar völlig falsch ist. Auf einem Schutthaufen wird im Laufe der Zeit nur abgebaut; organische Moleküle, bewaffnet mit der Erfindung der Enzyme und unterstützt durch die Kraft des Ausleseprinzips, bauen auf. Alle diese Überlegungen helfen uns zu verstehen, daß die gewaltige Kluft zwischen den noch unbelebten organischen Molekülen und der ersten fortpflanzungsfähigen Zelle im Laufe der Jahrmillionen durchaus überbrückt werden konnte.

Alle diese Betrachtungen mußten wir noch anstellen, bevor wir uns auf die Suche nach Leben auf den Schwesterwelten der Erde in unserem Sonnensystem begeben konnten. Andernfalls wären solche Betrachtungen wohl bloße Spekulationen; sie sind auch so schon gewagt. Dabei wollen wir uns unter Leben diejenigen Formen der Materie vorstellen, die wir von irdischen Lebewesen her kennen. Wir wollen also Lebensformen nachspüren, deren Hauptbestandteile Proteine und Nukleinsäuren sind. Zu den Lebenssubstanzen allerdings können wir auch noch langkettige Kohlenwasserstoffe – wie die Fette – oder auch Kettenmoleküle aus Zucker – wie etwa Zellulose – zählen. Damit der Entwicklungsgang des Lebens auch auf anderen Planeten seinen Gang genommen haben könnte, müßten wir in erster Linie eine entsprechend milde Temperatur fordern. Wir haben ja gesehen, daß diese diffizilen Bausteine der Lebenssubstanz bei hohen Temperaturen zerfallen; umgekehrt, bei tiefen Temperaturen werden die für das Leben erforderlichen chemischen Reaktionen so verlangsamt, daß es nicht gedeihen und noch weniger entstehen kann. Sodann muß ein Himmelskörper als Anwärter für das Leben bestimmt eine Atmosphäre und wohl auch ein Weltmeer besitzen. Mit dieser Liste von Forderungen wollen wir jetzt das Planetensystem durchstreifen.

So können wir im ersten Anlauf bereits den Mond als Träger des Lebens ausscheiden. Er ist zu klein, um eine Atmosphäre zu halten, von einem Weltmeer ganz zu schweigen. Schon die ersten unbemannten Instrumententräger, die man auf dem Monde abgesetzt hatte, hatten diese Vorstellungen über die Natur unseres Mondes bestätigt. Auch die ersten Astronauten, die auf dem Monde landeten, fanden eine staubtrockene, atmosphärelose Wüste vor, wie man ja nach allem zu erwarten hatte. Es ließ sich bei den ersten Landungen allerdings noch nicht endgültig entscheiden, ob es auf dem Monde, und zwar in tieferen Schichten, nicht vielleicht doch auch Wasser gibt. Einige Wissenschaftler vermuten, daß es auf dem Monde unterirdische Eisschichten geben könnte, die allerdings dem Leben kaum eine Existenzmöglichkeit bieten würden, selbst wenn es sie gäbe.

Auch der innerste Planet unseres Sonnensystems, Merkur, kann keineswegs als Kandidat für das Leben angesehen werden. Sein Durchmesser beträgt knapp 5000 Kilometer; er ist damit nur etwa um tausend Kilometer größer als unser Mond. Diese Größe reicht ebenfalls nicht aus, um Atmosphärengase daran zu hindern, sich in kurzer Zeit ins Weltall zu zerstreuen. Auch auf dem Merkur gibt es aus diesem Grunde kein freies Wasser. Hinzu kommt, daß er der Sonne sehr nahe steht, so daß die Temperatur auf seiner Oberfläche, die von der Sonne bestrahlt wird, 500 Grad oder mehr übersteigt. Auf einem so unwirtlichen Planeten besteht für das Leben keine Chance.

Als nächstes wollen wir die äußeren Planeten unseres Systems besuchen, und zwar die Riesen Jupiter, Saturn, Uranus und Neptun. Diese können wir bei unserer Betrachtung in eine Gruppe zusammenfassen, da sie sich von den inneren Planeten – Merkur, Venus, Erde und Mars,

Oben: Fast zwölfmal größer im Durchmesser als die Erde zeigt sich der größte Planet Jupiter als eine gewaltige Kugel, von mächtigen Wolkenstreifen umgürtet. Da er sich in knapp 10 Stunden um seine Achse dreht, ist der Planet deutlich abgeplattet. In seiner kalten, mit Methan, Ammoniak und Wasserstoff angereicherten Atmosphäre hat das Leben keine Chance.
Unten: Saturn ist der zweitgrößte Planet in unserem System, fast zehnmal größer als die Erde. Die riesigen, jedoch nur etwa 15 Kilometer dicken Ringe geben ihm sein Gepräge. Sie bestehen aus einem dichten Schwarm kleinster Brocken aus gefrorenem Ammoniak und Eis.

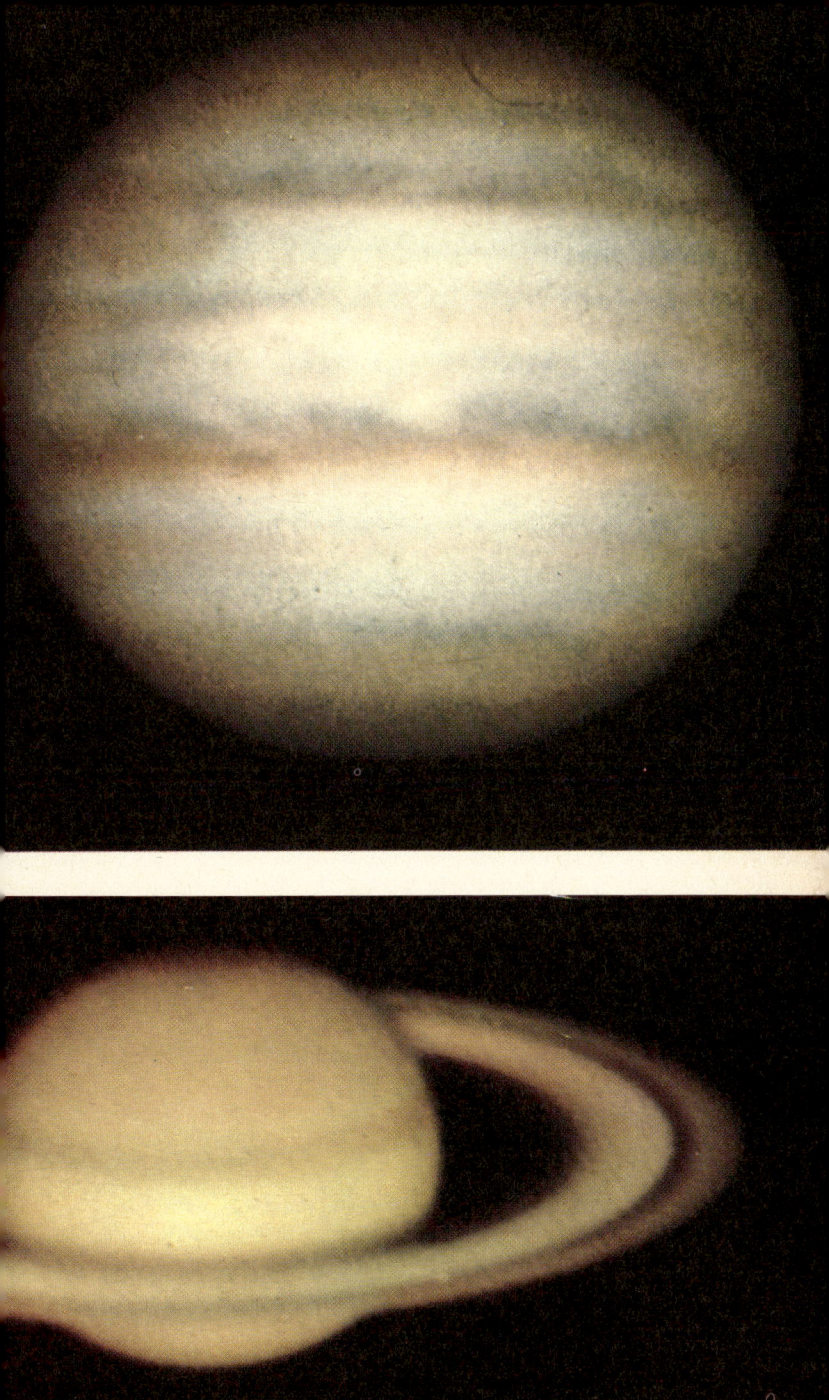

Unsere Schwesterwelt Venus erscheint von der Erde aus gesehen meist als Sichel, ähnlich wie unser Mond. Auf diesen Aufnahmen, die im ultravioletten Licht gemacht worden sind, erkennt man einige Strukturen in der Venusatmosphäre, die im sichtbaren Licht fast immer völlig gleichmäßig weiß aussieht. Die Fotos wurden mit dem 2,5-Meter-Spiegelteleskop der Mount-Wilson-Sternwarte in Kalifornien zwischen dem 6. Juni und 1. Juli 1927 gemacht.

den sogenannten terrestrischen Planeten – in zweierlei Hinsicht deutlich unterscheiden. Zunächst einmal sind sie sehr viel weiter von der Sonne entfernt, so daß in ihren Atmosphären sehr niedrige Temperaturen herrschen. Man hat Kältegrade zwischen 100 und 200 Grad Celsius unter Null auf ihnen gemessen. Schon aus Gründen der Temperatur daher müssen wir den Schluß ziehen, daß irdische Lebensformen auf ihnen nicht zu erwarten sind. Zum zweiten sind diese Planeten riesengroß. So sind Jupiter 318mal, Saturn fast 100mal, Uranus und Neptun etwa 15mal massereicher als die Erde. Sie haben daher in ihrer Entwicklung eine völlig andere Geschichte gehabt wie die Erde. Diese Planeten sind so groß, daß sie auch das leichte Gas, den Wasserstoff, an sich ketten konnten. Ein großer Teil ihrer Masse besteht daher aus diesem Gas, vermischt allerdings auch mit Methan und Ammoniak. Die Ausgangssubstanzen für die Entstehung des Lebens wären also durchaus vorhanden; indessen gibt es auf ihnen bestimmt kein freies Wasser, so daß wir auch diese ganze Gruppe von Planeten als mögliche Träger des Lebens von der Art, wie wir es von der Erde her kennen, ausschließen müssen.

Nun kommen wir zur Venus, die ihrer Größe nach fast eine Zwillingsschwester der Erde ist. Sie ist im Durchmesser nur vier Prozent kleiner als die Erde und umkreist die Sonne innerhalb der Erdbahn in einer Entfernung, die etwa zwei Dritteln des Abstandes der Erde von der Sonne entspricht. Nach den Strahlungsgesetzen trifft sie also etwa doppelt soviel Energie der Sonnenstrahlung wie die Erde. Unser Nachbarplanet ist dauernd von einem dichten Wolkenschleier umgeben, der uns noch nie einen Blick auf seine Oberfläche gestattet hat. All denjenigen, die sich Leben auf anderen Planeten vorgestellt hatten, erschien der Planet Venus immer schon als der aussichtsreichste Kandidat. Der Phantasie waren dabei keine Grenzen gesetzt. Die Venusoberfläche hat man sich als einen feuchtheißen Dschungel vorgestellt, in dem das Leben in seiner ganzen bunten Fülle sich entfaltet hat (siehe Bild Seite 24). All diesen Vorstellungen wurde ein schwerer Stoß versetzt, als Instrumententräger zur Venus hinübergeschickt wurden, um den wichtigsten Faktor, den wir bei einer Betrachtung über die Existenz des Lebens berücksichtigen müssen, zu messen: die Temperatur an der Oberfläche. Dabei wurde bestätigt, was man schon von der Erde aus – allerdings mit weniger verläßlichen Messungen – festgestellt hatte: die Oberflächentemperatur der Venus beträgt über 400 Grad Celsius über Null. Unter diesen Bedingungen kann das Leben mit seinen hochgespannten Forderungen nicht existieren. Was man sich früher in seiner Phantasie als einen überaus fruchtbaren Planeten vorgestellt hatte, muß man jetzt als eine tote, leblose Wüste sehen. Gewiß, auch die Atmosphäre der Venus besteht aus jenen Stoffen, die in Urzeiten in der Lufthülle der Erde vorhanden waren. Es befinden sich dort gewaltige Mengen von Kohlendioxyd und Wasserdampf, das Wasser bildet in der Form von Eiskristallen eine dichte Wolkendecke in großer Höhe. Auch ist die Atmosphäre der Venus sehr dicht – weit mehr zusammengepackt als die Lufthülle der Erde. Obwohl bei dem erhöhten Luftdruck, der am Boden der Venus herrschen muß, Wasser erst bei höheren Temperaturen zum Kochen kommt, ist an die Existenz eines Weltmeeres auf der Venus kaum zu denken. Unter diesen Umständen konnten irdische Lebensformen wohl nicht entstehen. Auch würde jedes irdische Lebewesen, versetzte man es auf die Venus, sofort umkommen. Wir dürfen ja nicht vergessen: die beste und sicherste Methode, Leben in jeder Form zu vernichten, ist die Sterilisierung durch Erhitzen.

Nun bleibt nur noch Mars, der kleine Bruder der Erde, der außerhalb der Erdbahn um die Sonne läuft. Was Venus zuviel an Sonnenstrahlung empfängt, erhält Mars zuwenig. Auf seiner Oberfläche ist es durchweg empfindlich kalt. Die Temperatur dort bleibt zumeist 20, 30 oder gar 50 Grad Celsius unter Null. Nur während eines Hochsommertages kann die Oberflächentemperatur für wenige Stunden 20 oder 30 Grad Celsius über Null erreichen. Seine Atmosphäre ist sehr dünn; der Luftdruck am Boden beträgt nur etwa ein Hundertstel dessen, was wir auf der Erde messen. Auch wissen wir bestimmt, daß Mars kein Weltmeer besitzt. Wir können ja durch seine dünne und meist auch sehr klare Atmosphäre bis auf die Oberfläche hinunterschauen; gäbe es dort größere offene Wasserflächen, so müßte sich die Sonne darin gelegentlich wie in einer Christbaumkugel spiegeln. Allerdings gibt es Wasser auf dem Mars, wenn auch nur in geringen Mengen. Das wußte man schon seit langer Zeit, da bereits mittelgroße Fernrohre weiße Polarkappen auf dem Mars erkennen lassen. Diese allerdings können nur ein dünner Hauch von Reif sein, da sie während des Marssommers, obwohl dort die Sonnenstrahlung ja viel geringer ist als auf der Erde, fast völlig wegschmelzen oder wegdampfen. So etwas kennen wir von der Erde her nicht. Die Erde hat so viel Wasser, daß die Polargebiete mit dicken Panzern von Eis bedeckt sind, die während des Sommers keineswegs abschmelzen.

In den letzten Jahren hat die amerikanische Weltraumbehörde drei erfolgreiche Flüge zum Mars mit unbemannten Instrumententrägern durchgeführt. Seit dieser Zeit wissen wir über die Struktur der Marsoberfläche, wie sie sich aus der Entfernung von rund tausend Kilometern darbietet, recht gut Bescheid. Es hat sich gezeigt, daß die Oberfläche unseres Nachbarplaneten der Oberfläche des Mondes erstaunlich ähnelt: es gibt Zehntausende von zum Teil riesigen Kratern auf dem Mars. Sie erscheinen in ihren Konturen lediglich etwas weicher als Mondkrater (siehe Bild Seite 112/113); auf dem Mars gibt es ja eine dünne Atmosphäre und daher auch Sandstürme, welche die Krater im Laufe der Zeit zuwehen. Dennoch hat der totale Wüstencharakter der Marsoberfläche viele Wissenschaftler überrascht.

Sodann gibt es noch eine andere Erscheinung auf dem Mars, welche die Phantasie der Astrobiologen immer schon beflügelt hat. Unser Nachbarplanet wird oft als der rote Punkt bezeichnet, da er für das bloße Auge ein deutlich rötliches, ockerfarbenes Licht ausstrahlt. Den Ursprung dieser Farbe können wir verstehen. Wir wissen, daß der Mars vermutlich während seiner ganzen Geschichte immer schon sehr wenig Wasser besessen hat. Der ohnehin schon geringe Wasserdampf in seiner dünnen Atmosphäre wird laufend von der ultravioletten Strahlung der Sonne in Wasserdampf und Sauerstoff gespalten, wobei bei der geringen Anzie-

Russische Venussonde in der Montagehalle. Die Platten mit den Sonnenzellen sind aufgeklappt, die Landekapsel steht geöffnet im Vordergrund, ihr Fallschirm ist ausgebreitet. Diese Venussonden haben die völlige Unwirtlichkeit unseres Nachbarplaneten bestätigt.

hungskraft des Planeten der Wasserstoff in kürzester Zeit ins Weltall entweicht. Der freie Sauerstoff verbindet sich sodann sehr schnell mit dem Oberflächengestein. Das ist ein Vorgang, den wir auch von irdischen Wüsten her kennen, wobei in der Hauptsache das rötliche Eisenoxyd entsteht. Deswegen sind auch unsere irdischen Wüsten rötlich. Wie es einem alten Kriegsgott gebührt, ist seine Rüstung im Laufe der Zeit schon etwas rostig geworden. Aber nicht die ganze Oberfläche des Mars ist rötlich. Es gibt weite Strecken auf ihm, die im Verlaufe der Jahreszeiten einen deutlichen Farbenwandel durchmachen und vor allem im Frühling und im Sommer eine auffallend blaugrüne Färbung anneh-

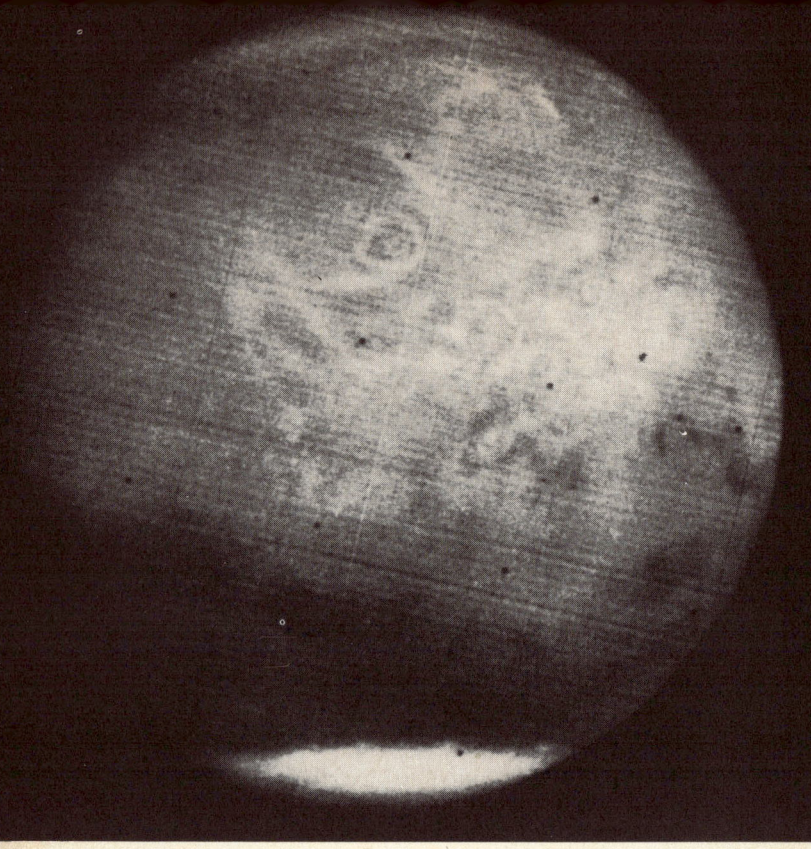

Zwei Marsbilder des US-Instrumententrägers Mariner 7 vom 4. August 1969. Das Bild links wurde aus einer Entfernung von 452 000 Kilometer, das rechte Bild aus 472 000 Kilometer aufgenommen. Die helle Kappe kennzeichnet das

men. Da dieser Farbwechsel ausgesprochen dem Rhythmus der Jahreszeiten folgt, hat man dahinter eine Vegetation vermutet. Diese Vorstellungen hat der deutsch-amerikanische Physiologe Hubertus Strughold schon vor 20 Jahren in seinem geistreichen Buch «The green and red planet» beschrieben. Auch er vermutet keineswegs höhere Pflanzen oder gar Tiere auf dem Mars. Er ist jedoch davon ausgegangen, daß die primitivsten Pflanzen auf der Erde, die Flechten, imstande sind, extreme Temperatur- und Klimabedingungen zu ertragen. Sie sind auch in den Hochgebirgen der Erde die Pioniere des Lebens. Flechten sind imstande, Wasser zu speichern und gedeihen auch auf der Oberfläche von Urgesteinen. Im Aufbau der Flechten finden wir eine Symbiose zwischen Al-

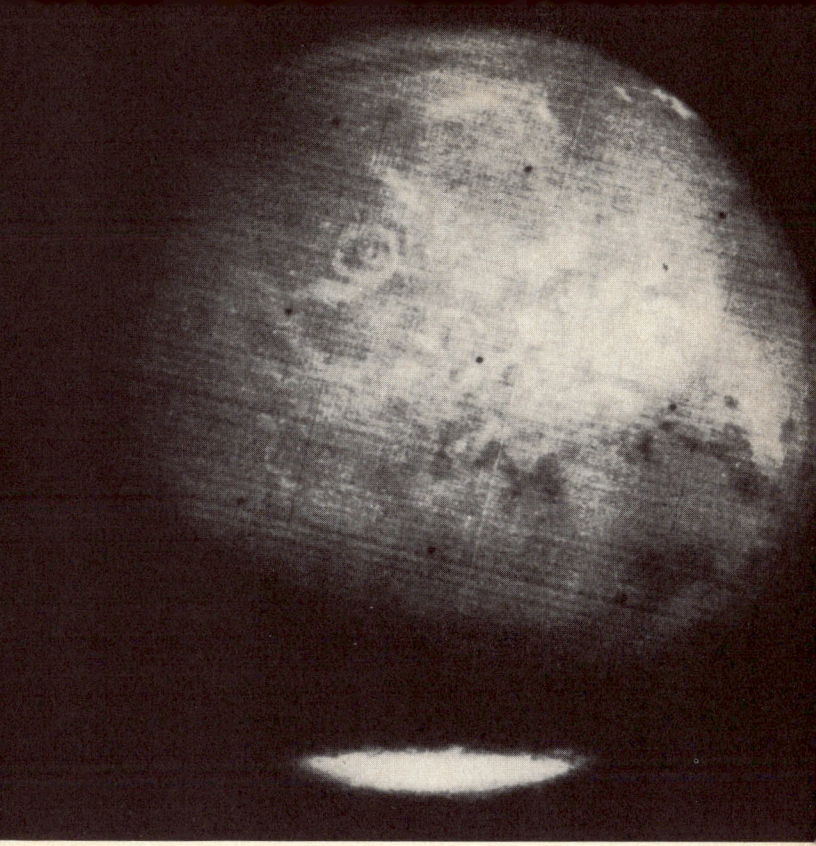

*Südpolargebiet. Die beiden Bilder eignen sich als stereoskopisches Paar, mit
Hilfe eines einfachen Stereoskops kann man den Planeten als plastische Kugel
im Raume schweben sehen.*

gen und Pilzen. Die Pilze sorgen für die Speicherung des Wassers und
für das Gerüst dieser primitiven Pflanzen, während die Algen den
Hauptanteil des Stoffwechsels besorgen. Vor allem auch sind Algen imstande, Sauerstoff zu produzieren, den sie allerdings nicht in die Atmo-
shäre entlassen, sondern in den Hohlräumen der Flechten speichern.
Pflanzen benötigen ebenfalls – wenn auch nur in sehr geringem Maße
– gasförmigen Sauerstoff für ihren Stoffwechsel. Es war nun die brillante Idee von Strughold, daß ein Flechtenbewuchs auf dem Mars existieren kann, da diese Pflanzen sich eine eigene «innere» Atmosphäre geschaffen haben, während sie die feindliche Atmosphäre der Umwelt ausschließen.

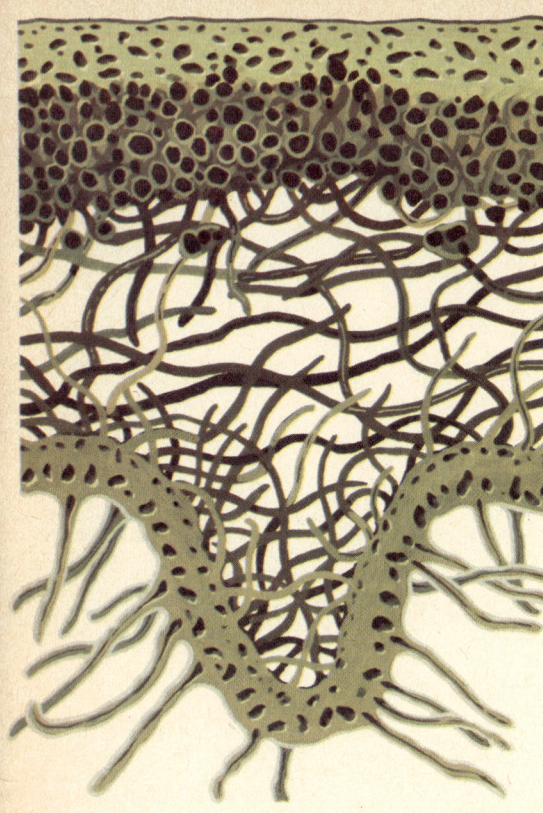

Querschnitt durch den Körper einer Flechte. Die dunklen Körner in der oberen Zellschicht enthalten Algen, während der Hauptkörper viel-gegliederte Lufträume zwischen den Zellen aufweist.
Flechten sind die einzigen irdischen Lebewesen, die unter den Bedingungen, wie sie auf dem Mars herrschen, über-leben könnten.

Strughold hat seine Theorie auch experimentell untermauert. Nach dem Vorbild eines Terrariums hat er ein «Marsarium» gebaut: eine luftdicht abgeschlossene Kammer, in der er seine künstliche Marsatmo-sphäre bei tiefen Temperaturen zusammengestellt hat – mit entspre-chend rhythmischer Bestrahlung durch Lampen, welche die Sonnenstrah-lung ersetzen. In diesem Marsarium gelang es ihm, irdische Flechten jahrelang am Leben zu erhalten und sogar zum Wachstum zu bringen.

Bei diesen interessanten Experimenten freilich hat Strughold irdische Flechten benutzen müssen. Es könnte durchaus möglich sein, daß irdi-sche Flechten auf dem Mars gedeihen und sich ausbreiten könnten. Dazu allerdings müßte man sie zuerst auf den Mars befördern. Wir haben zu-vor ja gesehen, daß zur Entstehung eines komplexen Lebewesens, wie es selbst die primitiven Flechten sind, eine dichte Atmosphäre und wohl auch ein Weltmeer erforderlich sind. Mars ist zu klein, als daß man an-nehmen darf, daß er beides je besessen hat. Eine Urzeugung kann auf unserer reichlich ausgestatteten Erde mit ihrer milden Temperatur wohl schon stattgefunden haben. Beim Mars hingegen ergeben sich hier doch erhebliche Schwierigkeiten, wenn man sich eine solche Entwicklung vorstellen will.

Das letzte Wort freilich ist noch nicht gesprochen. Die Entscheidung wird dann erst fallen, wenn instrumentierte Sonden zum Mars hinübergeschickt und weich auf ihm landen werden. Die amerikanische Weltraumbehörde hat schon seit Jahren ein größeres Projekt in Aussicht genommen, wonach ein ganzes biologisches Laboratorium auf der Oberfläche unseres Nachbarplaneten abgesetzt werden soll. Dieser Roboter ist mit Geräten ausgerüstet, die dem Marsboden Proben entnehmen und sie an Ort und Stelle auf die Anwesenheit typischer biologischer Substanzen untersuchen sollen. Die Ergebnisse werden dann in verschlüsselter Form zur Erde zurückgefunkt. Dieses schwierige Experiment ist durchaus im Rahmen der Möglichkeiten der heutigen Weltraumtechnik. Allerdings werden wir auf die Durchführung dieses Projektes noch einige Jahre warten müssen.

Amerikanische Instrumententräger sind schon einige Male in nächster Nähe an unserem Nachbarplaneten Mars vorbeigeflogen und haben seine Oberfläche fotografiert. Die Ergebnisse sind nicht sehr ermutigend, wenn man vielleicht Erwartungen gehegt hat, daß es auf dem Mars Leben wenigstens in seiner einfachsten Form gäbe. Es ist freilich das Wesen der wissenschaftlichen Forschung, daß sie uns immer wieder Überraschungen beschert. Wir jedoch müssen unser Urteil nach dem heutigen Stande des Wissens abgeben. Danach sieht es so aus, als ob die Geschwister der Erde in unserem Sonnensystem steril sind.

Verloren in Raum und Zeit

Kapitel 8

Wenn man den Versuch macht, die Existenzmöglichkeit irdischer Lebensformen auf den Nachbarplaneten der Erde zu beurteilen, so kann man als moderner Wissenschaftler nur zu dem Schluß kommen, daß die Chancen hierfür sehr gering sind. Dieses Ergebnis ist enttäuschend. Es stimmt uns nachdenklich, ja vielleicht sogar etwas betrübt. Unter allen Planeten besteht eigentlich nur auf dem Mars die Möglichkeit, daß primitive irdische Lebensformen, wie etwa Mikroben oder höchstens Flechten, auf ihm überleben, vielleicht sogar gedeihen und sich vermehren könnten. Mars jedoch ist wohl zu unwirtlich, als daß das Leben auf ihm jemals von sich aus entstanden sein könnte.

Allerdings haben wir bei diesem Schluß vorausgesetzt, daß es sich um *irdische* Lebensformen handelt. Es wird immer wieder geltend gemacht, daß die irdische Lebensform ja keineswegs die einzige Lösung sein müsse, die es für das Leben als kosmische Erscheinung geben kann. Man weist bei diesem Argument immer wieder darauf hin, daß ein nahezu unerschöpflicher Erfindungsreichtum und eine fast grenzenlose Anpassungsfähigkeit die hervorstechendsten Merkmale des Lebens sind. Mit diesen Eigenschaften ist es dem Leben geglückt, unseren Planeten von Pol zu Pol zu erobern. Nicht nur ist die ganze Erdoberfläche bewohnt; auch das Meer wimmelt von Leben. Eisbären bevölkern das Nordpolargebiet und Pinguine die Antarktis. Wenn man Luftproben aus der Stratosphäre einsammelt, so findet man darin Mikroben und Sporen. Anfang 1960 sind Jacques Piccard, der Sohn des berühmten Stratosphären- und Tiefseeforschers Auguste Piccard, und der amerikanische Marineleutnant Don Walsh bis zur untersten Meerestiefe im Marianengraben, fast 12 Kilometer unter der Meeresoberfläche, vorgestoßen. Dort herrscht absolute Dunkelheit bei einem Wasserdruck von über 1000 Atmosphären. Das erste, was sie sahen, als sie den Boden berührten, war ein etwa 30 Zentimeter langer Fisch. Wenn es dem irdischen Leben gelungen

Im Sternbild des Schwans befindet sich eine helle Milchstraßenwolke, die zu den sternreichsten Gegenden des Nordhimmels gehört. Jedes einzelne der winzigen Lichtpünktchen auf diesem Foto ist eine Sonne mit der Potenz, lebentragende Planeten zu besitzen. Der wie eine zarte Rauchwolke erscheinende Nebel besteht aus fein verteiltem Gas und Staub.

ist, alle diese Umwelten zu erobern, dann müßte es doch wohl auch möglich sein, daß ihm auch die unwirtlichen Oberflächen unserer Nachbarplaneten nicht verschlossen seien.

Bei diesem erstaunlichen Eroberungszug des Lebens auf unserer Erde konnte es jedoch eine Grenze nie überschreiten: die Grenze der Temperatur. Auch in den größten Tiefen ist die Temperatur des Meerwassers immer noch über Null. Umgekehrt ist das unterirdische kochendheiße Wasser der Geiser völlig steril. Auch in den Polargebieten der Erde ruht während der halbjährigen Polarnacht das Leben. Eisbären und Pinguine können dort nur leben, weil sie Warmblüter sind. Als die Natur den Vögeln und Säugetieren einen Thermostaten einbaute, der dafür sorgt, daß die Körpertemperatur dieser höchstentwickelten Wesen konstant gehalten wird, hat sie eine bedeutende Erfindung gemacht. Damit hat sie der Temperaturgrenze des Lebens bewußt Rechnung getragen. So ist es ein erstaunlicher Gedanke, wenn man sich überlegt, daß die Lebenssubstanz der Menschheit seit mehreren Millionen von Jahren immerzu konstant auf einer Temperatur von 37 Grad gehalten worden ist. Schwankungen von nur wenigen Grad bedeuten fiebrige Krankheiten oder lebensbedrohende Unterkühlung und schließlich Tod. Darin steckt eine so wichtige Erkenntnis, daß wir darauf in der Hauptsache unser Urteil über die Sterilität der Schwesterwelten der Erde stützen konnten.

Die irdische Lebensform ist eine ganz bestimmte, spezifische Lösung der Aufgabe, die sich die Natur gestellt hatte, als sie sich anschickte, die Materie zum Leben zu bringen. Der Biologe, der die verschiedenen Lebensformen – Pflanzen und Tiere – beschreibt, ist überwältigt von ihrer Mannigfaltigkeit. Der Biochemiker jedoch, dem es in den letzten Jahrzehnten gelungen ist, die Lebenssubstanz in ihrem chemischen Aufbau zu durchschauen, ist im Gegenteil über die Gleichförmigkeit des Lebens und seiner Wirkungsprinzipien erstaunt. Jede lebende Zelle – ob im Körper einer Alge, eines Tintenfisches, einer Eiche oder eines Menschen – benutzt Proteine als Grundsubstanz und Nukleinsäuren völlig gleicher Struktur als Elemente der Vererbung und der Steuerung der Lebensentwicklung. Für diese Einheitlichkeit der irdischen Lebensformen gibt es ein bestechendes Phänomen. Wir hatten zuvor von den Aminosäuren gesprochen, die sich zu den Kettenmolekülen der Proteine zusammenfügen. Jede Aminosäure besitzt dabei eine Seitenkette, die sowohl an der rechten als auch an der linken Seite angeheftet sein könnte (siehe Bild Seite 137). Bei den Proteinmolekülen der Lebenssubstanz hängen sie ausnahmslos an der linken Seite. Man kann künstlich einfache Aminosäuren herstellen, bei denen die Ketten auch an der rechten Seite hängen. Diese sind jedoch für das Leben völlig unbrauchbar, da sie nicht eingebaut werden können. Daraus hat man den zwingenden Schluß gezogen, daß alles Leben auf der Erde in der Tat von einem einzigen Molekül abstammt, bei dem sich bei seiner Entstehung zufällig linksgerichtete

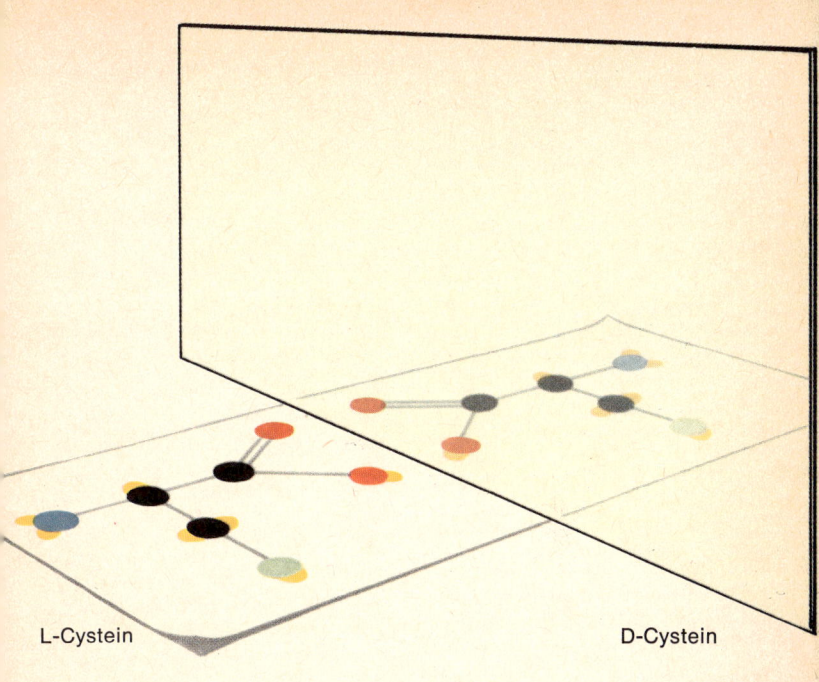

L-Cystein D-Cystein

Eine linksgerichtete («L-Form») Aminosäure und ihr Spiegelbild in der «D-Form». Die irdische Lebenssubstanz benutzt ausschließlich L-Formen von Aminosäuren. Außerirdisches Leben, das D-Formen benutzt, wäre denkbar. Die beiden Lebensformen könnten sich jedoch nicht mischen.

Aminosäuren zusammengefunden haben. Diese Überlegung übrigens ist eine der überzeugendsten Stützen für die Theorie der Urzeugung.

Man kann sich nun durchaus vorstellen, daß eine ganze Fauna und Flora, die auf rechtsgerichteten Aminosäuren aufgebaut ist, existenzfähig ist. Ein solches Leben wäre ein molekulares Spiegelbild unseres irdischen Lebens. Man wird dabei an die Physik erinnert, bei der ebenfalls eine spiegelbildliche Welt denkbar ist, die aus Antimaterie aufgebaut ist. Die Antimaterie unterscheidet sich von der uns vertrauten Materie einfach dadurch, daß die elektrischen Ladungen der Elementarteilchen – Protonen und Elektronen – lediglich umgekehrt sind. Die denkbare Form des «Rechts-Lebens» jedoch könnte sich mit dem «Links-Leben» niemals kreuzen. Ein saftiges Steak, das auf rechtsgerichteten Aminosäuren aufgebaut ist, würde sich nach außen hin von einem Links-Steak überhaupt nicht unterscheiden. Wir könnten es jedoch nicht verdauen und für unsere Ernährung verwerten. Ja selbst Infektionen durch Krankheitskeime rechtsgerichteten Lebens wären unmöglich. Sie wären für das linksgerichtete irdische Leben so wirkungslos wie tote Materie.

Man kann nicht daran zweifeln, daß ein solches Rechts-Leben durchaus existenzfähig ist. Unsere Biochemiker sind zwar noch weit davon entfernt, Leben in der Retorte aufzubauen, obwohl die ersten entscheidenden Schritte auf dem Wege zu diesem Ziel schon getan worden sind. Wenn dies in naher oder ferner Zukunft gelingt, dann könnte man den Beweis für die Existenzfähigkeit des Rechts-Lebens experimentell führen. Ein solches Experiment allerdings wäre nicht ganz ungefährlich, da sich dieses künstlich erzeugte Rechts-Leben auf unserer Erde ungehemmt ausbreiten könnte. Die beiden Lebensformen würden dann ohne Störung nebeneinander existieren und sich lediglich die einfachen Grundsubstanzen, die molekular ungerichtet sind, streitig machen.

Nun können wir noch einen Schritt weitergehen. Der Erfindungsreichtum der Natur im Bau ihrer Moleküle ist so riesengroß, daß auch andere fortpflanzungsfähige Lebenssubstanzen, die sich von dem Bauprinzip des irdischen Lebens grundsätzlich unterscheiden, denkbar sind. Dabei brauchen wir keineswegs von der Grundstruktur der Zelle etwa abzuweichen. Lediglich das Baumaterial (bei unserem Leben die Proteine) und das Vermehrungs- und Steuerungsmaterial (beim irdischen Leben die Nukleinsäuren) könnten völlig anders gebaut sein. Dafür jedoch haben wir in der heutigen Biochemie noch keine Anhaltspunkte. Es könnte allerdings durchaus sein, daß die Biochemiker der nächsten Jahrhunderte in der Synthese von Riesenmolekülen so weit fortgeschritten sein werden, daß es ihnen gelingt, fortpflanzungsfähige Substanzen auf einer völlig anderen Strukturbasis aufzubauen. Unsere Kenntnisse der Biochemie reichen heute allerdings dazu noch nicht aus; sie erlauben uns jedoch, solche Vorstellungen zu hegen.

Man kann sich nun durchaus vorstellen, daß solche wahrhaft exotischen Lebensformen auf anderen Planeten entstanden sind und dort auch gedeihen. Eines allerdings können wir mit Bestimmtheit sagen: auch diese Lebensformen werden temperaturempfindlich sein. Das liegt einfach im Wesen des Lebens überhaupt. Ohne die Mannigfaltigkeit im Bau und im Stoffwechsel der Riesenmoleküle ist das Leben undenkbar. Aus zwei- oder dreiatomigen Molekülen kann man kein Leben aufbauen; ebenso ist das Leben ohne Stoffwechsel nicht denkbar. Man beurteilt den Erfindungsreichtum der Natur völlig falsch, wenn man ihr zutraut, daß sie auch in den glühendheißen Gasen eines Fixsternes Leben schaffen könne. Bei diesen hohen Temperaturen ist die Kombinationsfähigkeit der Atome aller chemischen Elemente praktisch völlig erloschen. Umgekehrt, bei tiefsten Temperaturen, kommen chemische Reaktionen unerbittlich zum Stillstand. Wenn aber auf dem Planeten Pluto mit einer Oberflächentemperatur von 200 Grad unter Null zum Beispiel schon die «tote» Materie tot ist, genauso tot wäre auch jedes denkbare exotische Leben.

Freilich sind alle Betrachtungen über solche echten unirdischen Lebensformen reine Spekulationen. Wenn wir uns damit befassen, so tun wir das im Bewußtsein, daß solche Lebensformen zumindest möglich – wenn auch nicht sehr wahrscheinlich – sind. Aus diesem Grunde wird die biologische Erforschung der anderen Planeten sehr interessant sein, und sie steht ja auch an der Spitze der Probleme, die man mit den Mitteln der Weltraumfahrt in den nächsten Jahrzehnten anpacken will. Sollte man Lebewesen auf dem Mars finden, so wird dies die größte Sensation in der Geschichte der Biologie sein. Die Biochemiker werden sich auf diese Lebensformen stürzen, um in Erfahrung zu bringen, wie sie aufgebaut sind und wie ihre Lebensprozesse ablaufen. Sollte das Marsleben – wenn es überhaupt existiert – exotisch sein, wird es unser Wissen um das Phänomen des Lebens unerhört bereichern. Selbst wenn es den irdischen Lebensformen im Aufbau gleichen sollte, würden sich neue, spannende Probleme stellen, zum Beispiel, ob das Marsleben unabhängig entstanden ist oder ob vielleicht das irdische Leben unseren Nachbarplaneten infiziert hat.

Schon Ende des vorigen Jahrhunderts hat der schwedische Naturforscher Svante Arrhenius eine Hypothese entworfen, die er «Panspermie» nannte. Er hat sich vorgestellt, daß das Weltall ebenso wie die Lufthülle der Erde von unzähligen kleinen Lebewesen – Sporen und Mikroben – erfüllt ist, die, vom Lichtdruck getrieben, weite Strecken zurücklegen. Treffen sie auf einen Planeten mit geeigneten Lebensbedingungen, so wird dieser gewissermaßen befruchtet, und das Leben breitet sich aus. Es ist physikalisch durchaus denkbar, daß etwa diese Kleinstlebewesen von der Erdatmosphäre hochgewirbelt und in den Raum hinausgetrieben werden. Auch können gewaltige Explosionen, wie Vulkanausbrüche oder der Einsturz von Riesenmeteoriten, Spuren des Lebens in den Raum hinausschleudern. Unsere Erde gliche demnach einer platzenden Samenkapsel, die ihre Keime ins Weltall verstreut. Diese interessante Überlegung des schwedischen Forschers ist in den letzten Jahrzehnten etwas in Verruf geraten. Wie wir wissen, könnten diese Sporen und Keime die Tieftemperaturen, auf die sie sich im Weltall abkühlen würden, zwar ertragen. Gefährlich würde ihnen aber die ultraviolette Strahlung der Sonne und die kosmische Strahlung, die sie auf ihrer langen Reise vermutlich nicht überleben könnten. Sollten jedoch Lebensformen, die man vielleicht trotz allem auf dem Mars findet, irdischen Arten in ihrer chemischen Struktur gleichen, so müßte man die Idee des geistreichen Schwedischen Forschers durchaus wieder in Erwägung ziehen.

Die Allgegenwärtigkeit der Lebenskeime auf der Erde macht den

Weltraumforschern heute schon gewisse Sorgen. Instrumententräger sind auf dem Mond und auf der Venus abgesetzt worden. Auf dem Mond gar sind schon Menschen gelandet. Zweifellos haben bei diesen Unternehmungen Vertreter des irdischen Lebens in der Form von Viren, Mikroben und Sporen die Reisen mitgemacht. Man hat diese Gefahr einer Infizierung fremder Himmelskörper durch irdisches Leben immer schon gesehen. Aus diesem Grunde hat man alle Geräte, die man zu fremden Himmelskörpern herüberschickte, peinlichst sterilisiert. Es ist freilich zweifelhaft, ob dies in allen Fällen gelungen ist. Seit dem Juli 1969 ist der Mond ganz bestimmt infiziert, denn man konnte ja die Astronauten und ihre Atemluft nicht sterilisieren. Jedenfalls hat man in den Proben des Mondgesteins, welche die Astronauten von ihren abenteuerlichen Reisen mit zurückbrachten, auch nicht die Spur einer Lebenssubstanz gefunden. Der Mond hat – und das mußte man ja auch erwarten – bestimmt kein angestammtes Leben. Dieser negative Befund wäre allerdings noch kein Gegenbeweis für die Überlegungen von Arrhenius, da von der Erde ankommende Keime ja sehr dünn verteilt werden und auf dem lebensfeindlichen Monde durch die kosmische Strahlung und durch

Nach den Vorstellungen des schwedischen Naturforschers Svante Arrhenius (die sogenannte «Panspermie»-Theorie) könnten die einzelnen Planeten sich gegenseitig befruchten. Irdische Mikro-Organismen, hochgewirbelt durch die heftigen Winde in der oberen Atmosphäre oder durch Vulkanausbrüche, könnten durch den Druck des Sonnenlichtes in Richtung auf den Mars geblasen werden. Die Abkühlung im Weltall könnten sie wohl schon überstehen; fraglich jedoch ist, ob sie nicht durch die Weltraumstrahlungen abgetötet werden.

den Sonnenwind bald zerstört würden. Bei einem Himmelskörper wie unserem Monde hilft es nicht einmal, wenn man ihn befruchtet.

Wenn auch die Existenz exotischer Lebensformen auf anderen Himmelskörpern unseres Sonnensystems unwahrscheinlich ist, so muß man sich dennoch rechtzeitig Gedanken machen, wenn man Proben vom Mond und später von den Planeten zur Erde zurückbringt. Immerhin besteht die entfernte Möglichkeit, daß wir eine erdfremde Lebensform bei uns einführen, die sich unter Umständen sogar ungehemmt auf unserem Planeten ausbreiten kann. Unser Thema über die Existenz des Lebens auf anderen Welten hat daher heute einen völlig neuen, hochaktuellen Aspekt gewonnen.

Bei unseren Spekulationen über das außerirdische Leben dürfen wir eine bedeutende Fähigkeit des Lebens nicht aus dem Auge verlieren, die es auf unserer Erde in geradezu dramatischer Weise bewiesen hat. Wir hatten früher davon gesprochen, daß die Pflanzen durch den Mechanismus der Photosynthese imstande sind, das Kohlendioxyd in der Atmosphäre zu zerlegen und den Kohlenstoff zum Aufbau ihrer Körpersubstanz zu benutzen, wobei sie den freien Sauerstoff der Luft zurückgeben.

Die grünen Pflanzen sind so zahlreich, und diese Prozesse sind so wirksam, daß sie damit die chemische Struktur der gesamten Erdatmosphäre umgestaltet haben. In der Anfangsepoche der Erde gab es keinen freien Sauerstoff. Noch heute laufen die Stoffwechselprozesse in den Zellkernen ohne die Mitwirkung des Sauerstoffs ab. Alle Lebewesen einschließlich des Menschen tragen noch heute im Kern ihrer Zellen das Erbe einer sauerstofflosen Uratmosphäre. Erst später, als sich der Sauerstoff durch die Aktivität der Pflanzen im Laufe der Jahrmillionen in der Atmosphäre anreicherte, nutzte das Leben dieses reaktionsfreudige Gas als idealen Energieträger. Erst dann konnte die Tierwelt, die ja Sauerstoff atmet, sich entwickeln und entfalten. Es ist also keineswegs so, daß das Leben etwa darauf angewiesen ist, auf einen völlig fertigen und wirtlichen Planeten warten zu müssen. Es nistet sich schon frühzeitig ein und verwandelt ihn dann selbst in einen Zustand, der für die Hochblüte des Lebens hervorragend geeignet ist.

Schon im Jahre 1950 hat sich der Verfasser überlegt, ob sich mit diesem Prinzip nicht vielleicht die erstaunliche Unterschiedlichkeit zwischen der Erde und dem Planeten Venus erklären ließe. Die beiden Planeten sind ja fast gleich groß und sind bei ihrer Entstehung wohl auch mit den gleichen chemischen Materialien ausgestattet worden. Wieso kommt es, daß sie in ihrem Entwicklungsgang so völlig verschiedene Wege eingeschlagen haben? Der einzige Unterschied, der zwischen ihnen besteht, ist die Tatsache, daß die Venus immer schon etwa doppelt soviel Sonnenbestrahlung empfangen hat wie die Erde. Das müßte genügen, um ihre so verschiedene heutige Natur zu verstehen.

Auf der Oberfläche der Venus nun herrschen Temperaturen von etwa 400 Grad. Das wird uns klar, wenn wir bedenken, daß sich in ihrer sehr dichten Atmosphäre gewaltige Mengen von Kohlendioxyd befinden. Eine solche Atmosphäre wirkt ebenso wie die Fensterscheiben eines Treibhauses. Die Strahlung der Sonne vermag dieses Gas zu durchdringen; Wärmestrahlen jedoch, welche die Planetenoberfläche aussendet, werden von diesem Gas zurückgehalten. Unser Nachbarplanet ist demnach ein gigantisches planetares «Treibhaus», das so hohe Temperaturen erzeugt, daß auf seiner Oberfläche die Existenz und Entwicklung des Lebens unmöglich ist. Gelänge es, das gesamte Kohlendioxyd aus der Venusatmosphäre herauszuschaffen, würde sie sich erheblich abkühlen, so daß auf ihr ein Weltmeer und auch Leben möglich wären.

In früheren Kapiteln hatten wir davon gesprochen, daß die Prozesse der Urzeugung vermutlich nur in einem Weltmeer stattfinden können. Nur dort herrschte wohl eine ausreichende Dichte der Lebensbaustoffe, so daß sie sich zusammenfinden konnten. Wenn wir jedoch unserer Spekulation etwas Raum geben, wäre vielleicht auch die Urzeugung in einer dichten Atmosphäre denkbar. An der oberen Grenze der Venusatmosphäre herrscht eine Temperatur von minus 25 Grad. In einer be-

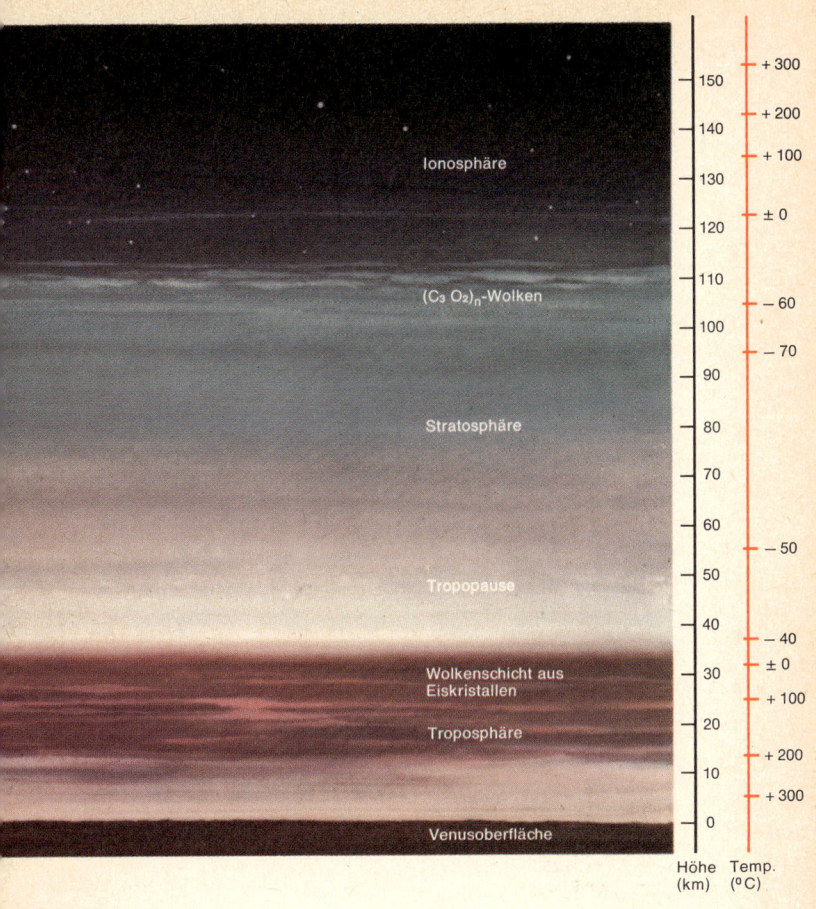

Schematisch-piktorieller Schnitt durch die dichte Atmosphäre der Venus mit Höhen- und Temperaturangaben. Winzige einzellige Organismen, sogenannte «Schwebewesen», könnten in der schmalen Schicht, in der Temperaturen um 20 Grad über Null herrschen, existieren. An anderen Orten hätte das Leben auf der Venus keine Chance.

stimmten Zwischenschicht zwischen dem Boden und dieser oberen Grenze müßten also Temperaturen herrschen, die für das Leben günstig sind. Auch bei unserer Erde können solche Verhältnisse geherrscht haben. Wir können uns jetzt einmal die Spekulation erlauben, daß das Leben auf der Erde einst ebenfalls in der sehr warmen und dichten Uratmosphäre entstand. Allerdings müßten diese ersten Lebewesen, denen wir bereits die Fähigkeit der Photosynthese zuschreiben müssen, mikroskopisch klein gewesen sein, damit sie imstande waren, in der lebensfreundlichen milden Atmosphärenschicht zu schweben. In dem Maße, wie sie das Kohlendioxyd aus der Atmosphäre herausgeschafft und durch Sauerstoff ersetzt haben, wurde die ganze Atmosphäre kühler, und damit wanderte diese wohltemperierte Atmosphärenschicht nach unten. Als sie dann schließlich nach Jahrmillionen den Erdboden und die Oberfläche des noch sehr heißen Ozeans erreichte, konnten die Lebewesen ihre Körpergröße beliebig erhöhen, da sie sich nicht mehr in der Schwebe halten mußten. Professor Strughold, ein Kollege des Verfassers, dessen Buch wir zuvor schon erwähnt hatten, sagte zu dieser Theorie einmal scherzweise: «Die ersten Lebewesen waren Schwebewesen – gewesen.»

Diese Hypothese würde die Unterschiedlichkeit unserer Schwesterwelt Venus verständlich machen. Ihre Atmosphäre ist heute noch heißer, als die Erdatmosphäre jemals war. Die Schicht lebensfreundlicher Temperaturen muß daher sehr viel höher liegen und war immer schon so dünn, daß sich Leben vermutlich nicht entwickeln konnte. Auch die Tatsache, daß die Venus heute immer noch ihre urtümliche Kohlendioxydatmosphäre besitzt, führt uns zu dem Schluß, daß irdische Lebensformen auch in ihrer Atmosphäre wohl nie existiert haben.

Wenn wir diese gewagten Spekulationen noch etwas weiterführen, so bestünde in der Atmosphäre des Planeten Jupiter noch eine geringe Chance für die Existenz solcher Schwebewesen. Die äußeren Atmosphärenschichten dieses Riesenplaneten sind allerdings sehr kalt. Indessen wissen wir, daß der Planetenkörper selbst wärmer sein muß. Jupiter sendet nämlich doppelt soviel Wärmestrahlung aus, als er von der Sonne empfängt. So ist es durchaus denkbar, daß in den tieferen Atmosphärenschichten des Riesenplaneten milde Temperaturen herrschen, die für Entstehung und Existenz des Lebens erforderlich sind. Zugegeben – das sind gewagte Spekulationen, und dabei wollen wir es belassen.

Es sieht also so aus, als ob unter allen Himmelskörpern des Sonnensystems nur die Erde Wohnstätte des Lebens ist. Alle anderen sind verschwendet. Wenn wir diesen Ausdruck verwenden, so müssen wir uns allerdings klarmachen, daß die Natur den Begriff «Verschwendung» überhaupt nicht kennt. Er hat nur in unserem menschlichen Bereich einen Sinn. Die Natur ist so unvorstellbar reich, daß sie auf die paar unbelebten Planeten in unserem Sonnensystem gar nicht angewiesen ist. In unserem Milchstraßensystem allein schweben 200 Milliarden Sterne und es gibt Hunderte von Milliarden Milchstraßen, ebensogroß wie unsere eigene. Die Zahl der Sterne in dem uns erkennbaren Universum geht daher in die Trilliarden. Wenn auch nur jeder hundertste von ihnen ein Planetensystem besitzt, so kann die Natur es sich immer noch leisten, wenn bis auf einen winzigen Prozentsatz alle von ihnen für das Leben untauglich sind. Die meisten von ihnen werden ihren Sonnen zu nahe stehen und zu heiß sein; ungezählte andere sind so weit von ihren wärmenden Sonnen entfernt, daß sie zu kalt sind. Immer noch bleiben Milliarden von Möglichkeiten, daß – weit verteilt über die unvorstellbaren Tiefen des Alls – erdähnliche Planeten existieren. In ihren milden Sphären von Wasser und Luft hat sich bestimmt wohl auch das großartige Schauspiel des Lebens entfaltet.

Wir sind heute zu dem Schluß gezwungen, im Leben ein kosmisches Prinzip zu sehen. Es ist dasselbe Prinzip, nach dem auch die Milchstraßen, die Sterne und die Planeten entstanden sind. Die Natur verfährt dabei im Sinne von Darwin auf eine Weise, die uns Menschen vielfach grausam erscheint. Selbst die unbelebte Natur wird – wenn wir es recht sehen – von dem Prinzip der Auslese und dem Überleben des Bevorzugten beherrscht. In der Entwicklungsgeschichte des Universums – vom urtümlichen Wasserstoffgas bis zum Menschen – ist der Materie für die Bildung von Milchstraßen, Sternen, Planeten, Atmosphären, Weltmeeren, ersten Lebewesen, hochentwickelten Pflanzen und Tieren und schließlich intelligenten Wesen immer nur ein Chance gegeben. Nach menschlichen Begriffen ist diese Chance unerhört klein; all diese Schöpfungsformen jedoch existieren in so unvorstellbar großen Zahlen, daß sich immer noch unübersehbare Möglichkeiten realisieren können, die zum Ziele kommen. Nur ein Bruchteil der Materie hat Sterne gebildet; es gibt zahllose Möglichkeiten, daß einem Stern die Bildung eines Planetensystems versagt wird; kommt es dennoch zustande, so besteht nur eine geringe Wahrscheinlichkeit, daß ein erdähnlicher Planet darunter ist; ist diese Bedingung erfüllt, braucht er immer noch kein Leben zu tragen; bildet es sich auf ihm, so geht es wohl eben so oft wieder zugrunde, wie es überlebt. Die biologische Entwicklung kann in zahllosen Sackgassen enden. Die Zahl der Möglichkeiten einer Fehlentwicklung in allen Stufen ist riesengroß – noch größer aber ist der Reichtum der Natur. Die Erscheinung des Lebens ist ein bedeutsamer Teil dieses gewaltigen kosmischen Panoramas.

Wenn wir das bedenken, kommen wir zu dem unausweichlichen Schluß, daß unsere eigene Erde keinesfalls ein Einzelgänger im gesamten Universum sein kann. Gewiß, wir haben nur ein einziges Beispiel vor Augen, an dem wir sehen, daß der Natur die Erfindung des Lebens und der Intelligenz geglückt ist. Ihre Entstehung können wir auf Grund der Naturgesetze, die wir heute kennen, begreifen. So gibt es auch nur ein uns bekanntes Beispiel intelligenten Lebens: das sind wir selbst.

Angesichts des unvorstellbaren Reichtums der Natur wäre es verwegen, in der irdischen Menschheit die einzigen Vertreter des Geistes in der gesamten Schöpfung zu sehen. In den Tiefen des Alls muß es wohl Brüder geben, die gleich uns die Schöpfung begreifen und danach streben, sie zu begreifen.

Die Wahrscheinlichkeit, daß es andere intelligente Wesen im Weltall gibt, ist somit ziemlich groß. Was liegt nun näher, als daß wir mit ihnen Verbindung aufnehmen wollen? Wir sind ja gesellige Wesen und wollen mit den Brüdern im All in Kontakt treten. Ist das überhaupt möglich? Schon vor Jahren hat man in Amerika einige Jahre lang das sogenannte Projekt «Ozma» betrieben. Mit Riesenantennen hat man mit großer Energie Radiosignale ins Weltall geschickt, die in ihrer mathematischen Struktur jedem anderen intelligenten Wesen als ein Produkt der Intelligenz auffallen mußten. Das war ein heroischer Versuch, von dem man sich von vornherein keine Erfolge erwartete. Indessen sind die Signale auch heute noch unterwegs, um vielleicht doch ihr Ziel zu erreichen. Gleichzeitig halten zahllose Radioteleskope ununterbrochen Wacht, um vielleicht Botschaften unserer Brüder im All aufzufangen, die etwa ihrerseits ein Projekt «Ozma» gestartet haben könnten. Wenn wir bisher auch ohne Erfolg das Weltall belauscht haben, so spricht das keineswegs gegen die Existenz anderer intelligenter Wesen.

Heute im Zeitalter der Weltraumfahrt fragen wir uns freilich, ob es uns jemals möglich sein wird, in die Tiefen des Alls zu reisen, um unsere Brüder aufzusuchen. Wie wir gesehen haben, müßten wir dazu unser Planetensystem verlassen und bei fremden Fixsternen Ausschau halten. Dann würde sich das Weltall mit seinen erschreckenden Dimensionen eröffnen.

Wenn wir uns also vornehmen, jemals zu fremden Fixsternen zu reisen, dann müssen wir selbst bei riesigen Geschwindigkeiten damit rechnen, daß eine solche Reise mit der Lebensdauer eines Menschen eigentlich nicht mehr vereinbar ist. Wer will schon 30 oder 50 Jahre seines Lebens in eine einzige Reise investieren, wobei die Chance, am Zielort einen halbwegs bewohnbaren Planeten zu finden, zudem noch sehr, sehr klein ist? Jeder ernsthafte Wissenschaftler muß daher einen solchen Plan schon nach einer kurzen Überlegung ins Reich der Utopie verweisen. Wenn man dennoch Überlegungen angestellt hat, dann nur,

Eine Reise zu fremden Sternen mit Lichtgeschwindigkeit wird auch in ferner Zukunft wohl kaum möglich sein. Das Weltall nämlich ist keineswegs völlig leer, sondern erfüllt mit einem sehr dünnen Gas und fein verteilten Staubteilchen. Eine gewaltige Zahl dieser Teilchen würde von einem so schnellen Schiff in jeder Sekunde aufgefegt werden und dadurch die Erreichung der Lichtgeschwindigkeit unmöglich machen.

weil uns die moderne Physik hier eine erstaunliche Idee anbietet. Es hat sich nämlich gezeigt, daß man das Wesen des Zeitablaufes im Sinne der Relativitätstheorie völlig neu deuten muß. Wenn man sich nämlich nahezu mit Lichtgeschwindigkeit bewegt, wird der Ablauf der erlebten Zeit realtiv zum Ausgangsort – das heißt unsere Erde – so verlangsamt, daß auch die zeitliche Bewältigung riesiger Entfernungen im Weltall in die Lebensdauer eines Menschen hineinpassen würde. Dazu allerdings muß man sich praktisch mit Lichtgeschwindigkeit bewegen.

Bei näherer Betrachtung jedoch stellt es sich heraus, daß eine Reise durch das Weltall etwa mit Lichtgeschwindigkeit wohl kaum möglich sein wird. Wir denken dabei gar nicht an die gewaltigen Energien, die für die Erreichung einer solchen Geschwindigkeit nötig wären. Das Weltall ist ja nicht leer, sondern erfüllt mit einem unvorstellbar dünnen Gas, vermischt gelegentlich mit kleinen Staubteilchen. Würde nun ein Raumschiff mit Lichtgeschwindigkeit durch das Weltall rasen, so würde es in jeder Sekunde alle jene Teilchen auffegen, die sich längs einer Strecke von 300 000 Kilometern befinden. Diese Teilchen würden das Schiff mit Lichtgeschwindigkeit treffen und dadurch eine Teilchenstrahlung, ja sogar eine solche Reibung erzeugen, die eine derartige Geschwindigkeit für ein bemanntes Raumschiff wohl unmöglich machen werden. Damit sind wir wieder bei Reisezeiten angelangt, die doch in die Jahrzehnte, ja sogar Jahrhunderte gehen.

Phantasievolle Autoren von Zukunftsromanen hat dies jedoch nicht abgeschreckt. So sind Geschichten geschrieben worden, wonach eine Besatzung eine solche Reise von Jahrhunderten antrat und erst ihre Enkel und Urenkel das Ziel erreichten. Zu dieser übermenschlichen, ja sogar unmenschlichen Methode, die Fixsterne zu erreichen, möge sich der Leser selbst Gedanken machen.

So hat man auch darüber spekuliert, ob es nicht möglich wäre, die Lebensvorgänge des menschlichen Körpers durch Tiefkühlung gewissermaßen zu suspendieren, so daß er im tiefgekühlten Zustand die Jahrhunderte der Reise überdauert. Kurz vor dem Ziel könnte man ihn dann wieder auftauen, so daß er dann seine Forschungsaufgabe erfüllen kann. Das ist eine ausgesprochen wilde Idee; selbst wenn man Freiwillige dafür fände, so sieht es doch keineswegs so aus, als ob die Lebensvorgänge eines vielzelligen Organismus wie eines menschlichen Körpers überhaupt durch Tiefkühlung so lange suspendiert werden können. Das erscheint bisher nur bei einzelligen Wesen möglich.

Darauf gründet sich eine geradezu phantastische Idee, die Fixsternentfernungen zu überbrücken. So könnte man einen menschlichen Samen und ein menschliches Ei durch Tiefkühlung konservieren und getrennt auf die Reise schicken. Nach Hunterten von Jahren schließlich, kurz vor Erreichung des Zieles, würde man sie künstlich zur Befruchtung bringen und das Kind durch Roboter erziehen lassen. Der fertige

Mensch würde dann sein Ziel erreichen. Die Maßstäbe von Raum und Zeit, in denen das Weltall gemessen werden muß, übersteigen das Menschsein in einem so gewaltigen Umfang, daß man auf solch groteske Ideen verfiel. Abgesehen davon, daß ihre Verwirklichung nur in der fernsten Zukunft möglich wäre, bleibt immer noch das Problem der Moral eines solchen Planes.

Unsere menschliche Natur stellt uns demnach für eine Reise zu den Fixsternen gewaltige Hindernisse in den Weg, die wir auch auf den Grund unseres heutigen Wissens kaum in unserer Phantasie überspringen können. Wie aber steht es mit den «anderen»? Könnte es nicht sein, daß sie alte und ausgereifte Zivilisationen entwickelt haben und sich einer viel längeren individuellen Lebensdauer erfreuen, die es ihnen möglich machen, jene Grenzen zu durchstoßen? Darauf gründet sich der Glaube an die fliegenden Untertassen, der heute weit verbreitet ist. In diesen Gläubigen steckt ein sehr ernst zu nehmendes instinktives Gefühl für all das, was wir in den bisherigen Betrachtungen ausgeführt haben. Das Weltall ist einfach zu groß und zu reich, als daß wir uns einbilden dürften, die einzige intelligente Menschheit im Kosmos zu sein. Bei näherer Betrachtung jedoch erweist sich der Glaube an die fliegenden Untertassen doch wohl als Aberglaube. Es soll deutlich gesagt werden: Unmöglich ist es nicht, daß die fliegenden Untertassen von intelligenten Wesen anderer Planeten bemannt sind. Diese Deutung jedoch ist so unwahrscheinlich, daß man als nachdenkender Wissenschaftler daran nicht zu glauben vermag und es vorzieht, erst einmal alle anderen Deutungen zu erschöpfen.

Es liegt auf der Hand, und es ist auch nachgewiesen worden, daß die überwiegende Mehrzahl solcher Erscheinungen sich ganz natürlich erklären ließ. Trotzdem gibt es eine Reihe von Beobachtungen durchaus ernst zu nehmender, zum Teil sogar kompetenter Zeugen, die man deswegen nicht so leicht von der Hand weisen kann und für die man keine genaue Erklärung gefunden hat. Selbstverständlich dürfen wir uns bei einem Urteil über diese «Ufos» (Unidentified flying objects) nicht von phantasievollen Berichten von Scharlatanen irreleiten lassen, welche die Öffentlichkeit oft mit einer erstaunlichen Frechheit ganz schlicht belügen.

Dem orthodoxen Wissenschaftler sagt man immer nach, daß er mit seiner übertriebenen konservativen Haltung das Wundern verlernt habe. So wird jedem Fachmann, wenn er nur Zweifel äußert, immer wieder das Wort Hamlets entgegengehalten: «Es gibt mehr Dinge zwischen Himmel und Erde, als eure Schulweisheit sich träumen läßt!» Gerade wenn es sich um die «Ufos» handelt, so hat sich jeder Wissenschaftler gegen diesen unberechtigten Vorwurf immer wieder zu wehren. Trotzdem muß man gestehen, daß die populäre Theorie der «Ufos» als Raumschiffe einer fremden Menschheit sehr ausgefallen ist. Diese Meinung

kann man mit einigen sehr stichhaltigen Argumenten begründen. Wenn diese intelligenten Wesen nun schon seit über 20 Jahren – und in manchen phantasievollen Darstellungen soll das schon seit Jahrtausenden der Fall sein – die Erde beobachten, in ihrer Atmosphäre herumfliegen und sogar auf ihr landen: Warum haben sie dann noch niemals einen offiziellen Kontakt mit uns aufgenommen? Wenn sie imstande sind, solche Wunderschiffe zu bauen, das Weltall zu durchkreuzen und auf der Erde zu landen, so müßten sie auch die Einsicht besitzen, daß ein bevorzugter, ja sogar ausschließlicher Verkehr ausgerechnet mit Schwärmern keinen großen Sinn haben wird. Wenn man als intelligente Wesen von einem fremden Stern schon einen so großen Aufwand treibt, um mit der irdischen Menschheit Kontakt aufzunehmen, dann würde man doch wohl schon ergiebigere Gesprächspartner aufsuchen.

Hinzu kommt, daß die Dimensionen von Raum und Zeit doch so ge-

Unser sogenanntes «lokales» System von Galaxien, bestehend aus 18 Mitgliedern verschiedener Größe, darunter die Riesengalaxien Andromeda-Nebel und unsere eigene Milchstraße. Etwa eintausend Milliarden Sterne sind hier in diesem Abschnitt des Weltalls zusammengeschart. Der Reichtum der Natur ist so unvorstellbar groß, daß wir die Existenz von intelligenten Brüdern im All mit Gewißheit annehmen müssen. Unsere Abbildung zeigt folgende Objekte:

		9 Kugelhaufen;
1 NGC-278;	5 NGC-221;	10 NGC-404;
2 NGC-147;	6 Andromeda-Nebel;	11 Kleine Magellansche Wolke;
3 NGC-185;	7 Milchstraße;	12 NGC-598;
4 NGC-205;	8 Ort der Sonne;	13 Große Magellansche Wolke.

waltig sind, daß der unbefangene Beschauer eben in falschen Größenordnungen denkt. In seinem Unbewußten herrscht das Gefühl vor, daß die räumlichen und zeitlichen Dimensionen des Weltalls mit menschlichen Maßstäben gemessen werden können. So hat man die Vorstellung, daß das Alter des geschichtlichen Bewußtseins der Menschheit – das heißt etliche Jahrtausende – der Existenzdauer des Weltalls vergleichbar sei. Es erscheint jedoch einfach grenzenlos unwahrscheinlich, daß ausgerechnet während dieser kurzen Zeit, während der wir uns als Menschheit erst entwickelt haben, auch prompt ein Besuch aus dem Weltall stattfinden würde. Es hätte durchaus sein können, daß die Erde vielleicht vor 300 Millionen Jahren einmal von intelligenten Wesen besucht worden ist, die feststellten, daß es auf diesem Planeten noch keine intelligenten Brüder gab. Auch könnte es sein, daß sie in 500 Millionen Jahren erst kommen und feststellen, daß wir längst ausgestorben sind.

Diesen Gedanken wollen wir mit einem letzten Beispiel beleuchten. Stellen wir uns den Lebensraum einer Milchstraße so verkleinert vor, daß er auf die Oberfläche der Erde paßt. Dann befindet sich in einem durchschnittlichen Abstand von zwei Kilometern ein Planetensystem, das ein Ausmaß von nur etwa 20 Zentimetern hat. In diesem Maßstab haben die Planeten etwa die Größe von Blutkörperchen mit einem Durchmesser von weniger als einem tausendstel Millimeter. Gleichzeitig wollen wir uns das Alter des Weltalls auf ein Jahr verkürzt denken. In diesem Maßstab beläuft sich unsere ganze Existenz als Menschheit erst auf knapp vier Stunden. Die Epoche der Zivilisation seit dem Bau der Pyramiden beträgt gar nur die Dauer von dreißig Sekunden. Auch wenn wir so optimistisch sind, unsere zukünftige Lebensdauer als Menschheit noch nach Jahrmillionen bemessen zu wollen, so wäre das im Maßstab eines Jahres nur noch etwa ein paar weitere Stunden. Andere intelligente Lebewesen haben vermutlich ähnliche Lebensdauern auf ihren Blutkörperchen in ihren Planetensystemen; in unserem Modell vielleicht zehn, hundert oder gar tausend Kilometer weit entfernt. Selbst wenn man davon absieht, daß der Überwindung dieser riesigen Entfernungen gewaltige Schwierigkeiten entgegenstehen, so kann man dennoch abschätzen, wie unwahrscheinlich es sein muß, daß sich zwei Vertreter zweier intelligenter Rassen mit ihrer nur stundenlang dauernden Existenz im Verlaufe eines ganzen Jahres jemals treffen können.

Die Natur ist so reich, daß das Universum von Leben wimmeln muß. Darunter gibt es sicher ungezählte intelligente Wesenheiten. Sie sind jedoch alle durch die unvorstellbar riesigen Dimensionen des Kosmos voneinander getrennt. Vermutlich sind sie – genauso wie wir – verloren in Raum und Zeit.

Die Natur hat uns, der irdischen Menschheit, diesen winzigen Raum und diese kurze Zeit für unsere Existenz angewiesen. Es ist wohl müßig, einen Besuch unserer Brüder aus dem All zu erwarten. Unsere

Probleme müssen wir schon selbst lösen. Unter den vielen intelligenten Wesen, die es im All geben muß, werden wohl viele Menschheiten sein, bei denen die Intelligenz erst erwacht. Wir würden auf sie als Primitive herabschauen; bestimmt aber auch gibt es außerirdische Wesen, die schon lange eine weit höhere Ebene des Menschseins erreicht haben.

Vielleicht sollten wir uns, am Ende dieser Betrachtungen angelangt, dessen innewerden, daß wir selbst in mancher Hinsicht noch primitiv sind. Dann bedeutet für jeden denkenden Menschen das Bewußtsein, daß es vermutlich Brüder im All gibt, die vollkommener sind, eine tiefe Genugtuung.

Bildquellen

APN, Presseagentur Nowosti, Moskau: S. 129.

Deutsche Verlags-Anstalt, Stuttgart: S. 17, 34/35, 36/37, 40/41, 49, 90/91, 137, (Bild der Wissenschaft:) 109, 111, 112/113; (Grafiken, Klaus Bürgle:) Umschlag, S. 10, 19, 24, 32/33, 42/43, 46, 51, 52/53, 56/57, 59, 61, 66/67, 68/69, 71, 75, 84/85, 88/89, 92/93, 94/95, 98, 102/103, 106, 108, 120, 121, 132, 137, 140/141, 143, 147, 150/151.

Deutsches Museum, München: S. 25.

Fraunhofer-Institut, Freiburg: S. 76/77.

Historia-Photo, Bad Sachsa: S. 73 links.

Landesbildstelle, Hamburg: S. 65.

Littrow, J. J., «Die Wunder des Himmels», Bonn 1969: S. 20.

Mount Wilson and Palomar Observatories, Pasadena: S. 126.

National Aeronautics and Space Administration, Pasadena: S. 118/119, 130/131.

National Maritime Museum, Greenwich, London: S. 8.

Schubring, Paul, «Illustrationen zu Dantes Göttlicher Komödie», Zürich, Leipzig, Wien 1931: S. 28.

Schweizerische Astronomische Gesellschaft, Schaffhausen; Copyright: Mount Wilson and Palomar Observatories, Pasadena: S. 124/125, 134.

Staatsbibliothek Preußischer Kulturbesitz, Bildarchiv, Berlin: S. 14/15, 73 rechts.

United States Information Service, Bonn-Bad Godesberg: S. 21, 23, 80, 96.

Die Atomkalotten zu den S. 36/37, 40/41 und 90/91 stellte Leybold-Heräus, Köln, zur Verfügung.

Bücher der öffentlichen Wissenschaft

 Deutsche Verlags-Anstalt

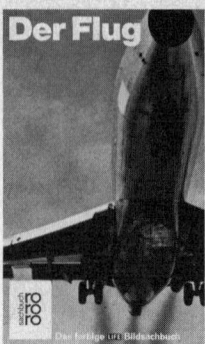

Der Flug

Die farbigen
LIFE
Bildsachbücher

Brillante Bilder — leicht verständlicher Text — fesselnde Darstellung
Diese neuartigen Taschenbücher erklären anschaulich Geschichte, Anwendungsbereiche und modernste Ergebnisse aus Wissenschaft und Technik. Jeder Band mit über 150 Bildern, davon 100 farbig, mit Register und Literaturhinweisen.

sachbuch rororo

Heinz Haber

Unser blauer Planet
Die Entwicklungsgeschichte der Erde
Mit 49 mehrfarb. und 16 einfarb. Abbildungen

Ausgezeichnet als eines der «schönsten deutschen Bücher 1967»
Vom Weltall aus gesehen erscheint unser Planet eingehüllt in ein leuchtendes, tiefes Aquamarin. Für einen Planeten ist die Farbe Blau eine Besonderheit, weil unsere Erde als einziger Planet im Sonnensystem ein Weltmeer und freien Sauerstoff in seiner Lufthülle besitzt. Wie sich dieser einzigartige, unser Planet, in Jahrmilliarden Jahren entwickelt hat, schildert Heinz Haber. [rororo sachbuch 6609/10]

Der Stoff der Schöpfung
Mit 63 mehrfarb. und 19 einfarb. Abbildungen

Dieses Buch hat kein Vorbild. Mit der ihm eigenen Eleganz verschafft Professor Haber dem Leser einen Einblick in die Geheimnisse der Materie und der Energie. Bei aller Leichtverständlichkeit bewegt es sich auf einem anspruchsvollen Niveau und fasziniert durch die Fülle seiner Gedanken und Realien. [rororo sachbuch 6625/26]

Der offene Himmel
Eine moderne Astronomie
Mit 53 mehrfarb. und 17 einfarb. Abbildungen

Die älteste Wissenschaft, die Astronomie, ist heute zu einer der aktuellsten geworden: Weltraumfahrt und Technik haben den Himmel weit geöffnet und uns mit Daten, Fragen und Problemen konfrontiert, von denen sich noch die vorigen Generationen nichts träumen ließen. Von den neuesten Erkenntnissen, den möglichen Schlußfolgerungen und den praktischen Auswirkungen berichtet Heinz Haber.
[rororo sachbuch 6691]

Robert Jungk

Die Zukunft hat schon begonnen
Amerikas Allmacht und Ohnmacht
100. Tausend. rororo Band 6653

Heller als tausend Sonnen
Das Schicksal der Atomforscher
70. Tausend. rororo Band 6629/30

Strahlen aus der Asche
Geschichte einer Wiedergeburt
45. Tausend. rororo Band 6634/35

ROWOHLT TASCHENBUCH VERLAG

296/6